穿越北冰洋Ⅱ
——中国第八次北极科学考察中央航道和西北航道穿越纪实

何剑锋◎著

夜航维多利亚湾

海洋出版社

2023年·北京

图书在版编目(CIP)数据

穿越北冰洋. Ⅱ, 中国第八次北极科学考察中央航道和西北航道穿越纪实 / 何剑锋著. — 北京：海洋出版社, 2023.10

ISBN 978-7-5210-1184-5

Ⅰ. ①穿… Ⅱ. ①何… Ⅲ. ①北极－科学考察－中国 Ⅳ. ①N816.62

中国国家版本馆CIP数据核字(2023)第210905号

审图号：GS京（2023）2354号

责任编辑：程净净
责任印制：安　淼

海洋出版社 出版发行
http://www.oceanpress.com.cn
北京市海淀区大慧寺路 8 号　　邮编：100081
鸿博昊天科技有限公司印刷　　新华书店经销
2023年10月第1版　　2023年10月第1次印刷
开本：787mm×1092mm　　1 / 16　　印张：16
字数：240千字　　定价：136.00 元

发行部：010-62100090　总编室：010-62100034
海洋版图书印、装错误可随时退换

本书作者在北冰洋作业冰站（刘健　摄）

内容简介：

中国第八次北极科学考察从 2017 年 7 月 20 日至 10 月 10 日，历时 83 天。"雪龙"号总航程逾 2 万海里，历史性地从中央公海区穿越北极中央航道、试航北极西北航道，实现了我国首次环北冰洋海洋基础环境、海冰、生物多样性、海洋酸化和海洋微塑料等要素的科学考察和业务化调查。本书通过作者的亲身经历，重点介绍考察过程、北极航道的基础生态环境，以及航道相关的探险历史、人文、经济和政策等方面的基础知识，以增进广大读者对北极航道和我国北极考察的了解。

作者简介：

何剑锋博士，中国极地研究中心研究员，南极长城极地生态国家科学观测研究站站长，上海交通大学和浙江大学兼职博导，主要从事极地生态环境研究。曾参加 1999 年和 2002 年秋季德国"极星"号北极秋季航次，2004—2006 年度中国北极黄河站考察，2008 年、2010 年、2012 年、2017 年中国第三至第五次、第八次北极科学考察。中国第三至第五次北极科学考察首席科学家助理；中国第八次北极科学考察队副领队兼首席科学家助理。同时，曾在南极中山站越冬，并任中国第 36 次南极科学考察"雪龙 2"号首席科学家等职。

"雪龙"号在冰海中航行

前 言

　　中国第八次北极科学考察是一次在我国北极科学考察和北极航海史上具有里程碑意义的北极科学考察事件。

　　经批准由国家海洋局[*]局属相关部门和单位的 96 名队员组成的中国第八次北极科学考察队，乘"雪龙"号于 2017 年 7 月 20 日自上海出发，10 月 10 日返回上海，历时 83 天，总航程逾 2 万海里，历史性地从中央公海海域穿越中央航道、试航西北航道，实现了我国首次环北冰洋海洋基础环境、海冰、生物多样性、海洋酸化和海洋微塑料等要素的科学考察和业务化调查。

　　本次考察中，"雪龙"号于 7 月 31 日（北京时间，下同）进入白令海峡，经楚科奇海 – 马卡洛夫海盆 – 南森海盆 – 阿蒙森海盆 – 北欧海 – 拉布拉多海 – 巴芬湾 – 加拿大北极群岛水域 – 波弗特海 – 加拿大海盆 – 楚科奇海，于 9 月 20 日再次抵达白令海峡，完成了环北冰洋航行，为助推"冰上丝绸之路"建设进行了重要探索。

　　其中，"雪龙"号于 2017 年 7 月 31 日由白令海峡进入楚科奇海，8 月 2 日进入海冰区，经北冰洋公海区，于 8 月 16 日进入挪威斯瓦尔巴群岛渔业保护区，8 月 18 日离开海冰区进入弗拉姆海峡，沿途克服冰情复杂、能见度差和通信不畅等诸多困难，首次完成从北冰洋公海区穿越中央航道。穿越过程历时 19 天，全程 2701 海里，航时 328 小时（～ 13.7 天），其中冰区航行 1700 海里。

---

* 国家海洋局于 2018 年根据国务院机构改革方案并入新组建的自然资源部，为不引起歧义，本书前言和第一篇仍保留国家海洋局名称，后文的原局属单位名称改用部属新名称。

中国第八次北极科学考察队首次成功穿越中央航道关键时间节点表

节点名称	日期	北京时间	经纬度	备注
白令海峡	2017.07.31	05:35	65°45′N，169°22′W	航道起点
楚科奇海台潜标回收点	2017.08.02	11:45	—	试航中央航道起点
冰区起点	2017.08.02	17:00	—	—
进入挪威斯瓦尔巴群岛渔业保护区	2017.08.16	19:45	83°58.1′N，29°3.5′E	试航中央航道终点
弗拉姆海峡	2017.08.18	12:35	81°01′N，9°47.1′E	航道终点

　　西北航道是连接东亚至北美东部最短的航道，其位于加拿大北极群岛水域的航段地形复杂、冰情严重、通航期短，是西北航道中最难以通航的航段。"雪龙"号自8月30日至9月7日，历时9天，途经戴维斯海峡、巴芬湾、兰开斯特海峡、皮尔海峡、维多利亚海峡和阿蒙森湾，历史性地成功穿越西北航道主体部分，为我国对西北航道的环境认知和商业利用积累了第一手资料。

中国第八次北极科学考察队试航西北航道关键时间节点表

节点名称	日期	北京时间	经纬度	备注
戴维斯海峡	2017.08.30	14:20	—	试航西北航道主体起点
进入兰开斯特海峡	2017.09.02	01:02	74°6.9′N，79°42.5W	—
剑桥湾水域	2017.09.04	~15:00	—	—
驶出阿蒙森湾	2017.09.06	01:40	—	试航西北航道主体终点
白令海峡	2017.09.23	~10:00	—	航道终点

中国第八次北极科学考察的实施，也使"雪龙"号在中国第五次北极科学考察穿越东北航道后成功穿越中央航道和西北航道，"雪龙"号也由此成为我国第一艘成功穿越北极所有 3 条航道的船舶，为北极航道的适航性评估和航道利用积累了宝贵的数据和经验，具有极为重要的意义。

本人有幸作为第八次北极科学考察队的副领队兼首席科学家助理，协助同样来自中国极地研究中心的领队兼首席科学家徐韧副主任，完成环北冰洋考察的壮举。由于本人曾参加了 2012 年的中国第五次北极科学考察，因而也是"雪龙"号穿越 3 条北极航道的亲历者。在完成第五次北极科学考察后，通过亲历记录和资料的收集整理，本人编写并出版了《穿越北冰洋——第五次北极科学考察穿越北冰洋纪实》一书。本书作为姊妹篇，重点介绍了中国第八次北极科学考察环北冰洋考察的过程，即从 7 月 31 日驶入白令海峡到 9 月 23 日离开白令海峡期间在北冰洋的调查。在写作风格上延续了上篇每日一题的板块，重点对北极西北航道的生态环境、区域、经济和政策等方面的基础知识进行介绍。

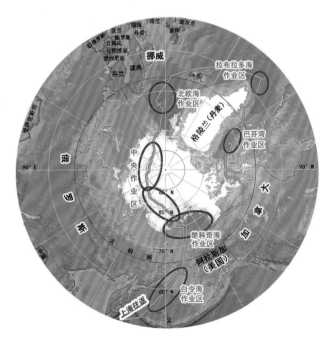

"雪龙"号环北冰洋航行航迹和主要调查海域示意图（刘健　绘制）

需要说明的是，同样是穿越中央航道，我国第五次北极科学考察期间是回程穿越，前面一段航线是在俄罗斯的海洋专属经济区航行，因而需要事先告知并每天向俄罗斯相关管理机构通报；我国第八次北极科学考察是去程穿越中央航道，并且是完整地从北冰洋中央公海区穿越，不需要向任何一个环北冰洋国家通报情况，是真正意义上的中央航道穿越。

本书时间表述凡未注明的，均为船上时间。船上调整时间均在船时晚上8点，凡有调时的，均会在每天记事的最后说明。书中的海冰密集度图，由国家海洋环境预报中心提供。考察过程中未注明出处的照片，均由作者本人提供。航线图由"雪龙"号航行动态网页截屏所获，并根据直观性要求进行了一定的处理。文中一些记录的环境数据是根据"雪龙门户网"航行动态页面的数据记录，有时页面数据未及时更新，所记风速为相对风速，故仅用于了解基本情况，不建议用于科学研究。

希望本书的出版，可以加深读者对我国北极科学考察、北极生态环境，以及北极中央航道和西北航道环境和政策、航道利用潜力等方面的了解。由于本书涉及的知识面较广，有错误和不足之处还请读者谅解。

中国第八次北极科学考察队在冰站合影（郁琼源　摄）

目 录

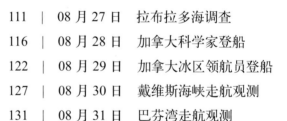

第五篇　探索楚科奇边缘海

第六篇　决战楚科奇

第七篇　回眸征途

穿越北冰洋 Ⅱ

——中国第八次北极科学考察中央航道和西北航道穿越纪实

第一篇

绘制蓝图

中国第八次北极科学考察是我国北极科学考察史上具有里程碑意义的一次考察，计划实施环北冰洋考察，并穿越东北航道和试航西北航道。最初设计的考察航线为，白令海和楚科奇海作业→穿越东北航道→北欧海作业（格陵兰海和挪威海）→穿越西北航道→北冰洋中央区冰站作业→出北冰洋，从而完成环北冰洋考察。为了能顺利实施这一宏大的考察计划，考察队提前了解北极冰情、筹划制订方案。

第一节　关注北方冰情

2017 年 7 月 4 日，距离考察队出发还剩 16 天。

在考察队远征北极之前，我特别留意了北极海冰的消融情况。因为当时已感觉，尽管我国外交部已于 6 月份向美国政府对应机构递交了在白令海和楚科奇海美国专属经济区作业的申请，但不太可能在短期内得到美方的批准，即无法按照原定的方案，先完成白令海和楚科奇海美国专属经济区内的站位调查，再实施北冰洋中央区冰站考察，最大的可能就是：先直接穿过这两个海域，前往北冰洋公海区进行冰站考察，并穿越东北航道、试航西北航道，最后实施美国专属经济区调查。所以，特别留意了北冰洋海冰的分布和变化情况。根据《联合国海洋法公约》，沿海国 200 海里专属经济区可以自由过境通行，但开展科学考察须得到沿海国的批准，这也包括冰上调查。在这种情况下，若"雪龙"号进不了公海区，就将面临没有海域可以调查的尴尬境地。2016 年，中国第七次北极科学考察也是类似情况，先开展北冰洋公海区冰站作业和冰区海洋作业，在回程时才进行楚科奇海和白令海的调查。

近两年我们特别关注美国的批复，一方面，美方对其管辖海域的管理越来越严格；另一方面，我国极地考察正处于变革之中，考察内容及考察方案的最终确定时间相对较晚。这也意味着我们无法有足够的时间提前申请在美方管辖海域的作业许可，从而可以在去程实施作业。

从美国科罗拉多大学国家冰雪数据中心提供的 7 月 3 日海冰密集度图来看，尽管海冰覆盖面积比历史的平均面积要少，但我更关心的是海冰冰缘能不能消退到公海区，从而保证"雪龙"号在公海区顺利作业。当时的判断是冰站作业没有问题，"雪龙"号赶到的时候，浮冰边缘应已退到北冰洋公海区了。但当时无论如何也想不到，"雪龙"号最后还能从中央航道穿越北冰洋，因为从当时的冰图来看，北冰洋的冰情还是比较严重的。

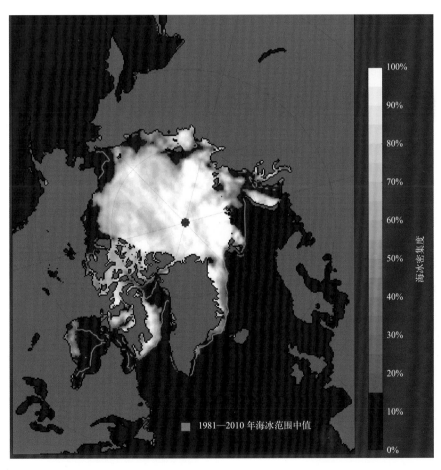

美国科罗拉多大学国家冰雪数据中心提供的 7 月 3 日准实时海冰密集度

第二节　制订实施方案

　　7月9日，周末的中国极地研究中心金桥院区内一片寂静。但在大楼的 B603 室，我、罗光富和蓝木盛，仍在紧张地修改着航线计划。由于这是首次业务化调查，国家海洋局非常重视，今年将首次由局长办公会审议北极考察的现场实施方案。由于局长办公会的时间是下周一，也就是明天，所以今天必须完成修改，打印装订成册并送到北京。光富的机票订在晚上9点。我们只能倒计时加班加点工作。昨天是周六，我们三人忙到晚上 11 点才各自回家，今天则迎来决战的时刻。

　　你也许无法想象，穿越中央航道的构思，只是当时的灵光一现。对照 8 日和 9 日的航线示意图就可以发现，这里有两处改动：（1）去程增加了中央航道这一备选方案，不过当时根本想不到可以从公海区穿越中央航道，只是希望能沿着北冰洋欧亚大陆一侧的岛链北侧穿越北冰洋，即便是这样，根据积累的经验，也认为完成的可能性不是很大；（2）试航西北航道更改了出加拿大北极海域后的去向，最终的实施方案初稿调整原来的先完成美国专属经济区调查、穿越东北航道、在完成西北航道试航后前往北冰洋中心区作业的顺序，改为先在楚科奇海

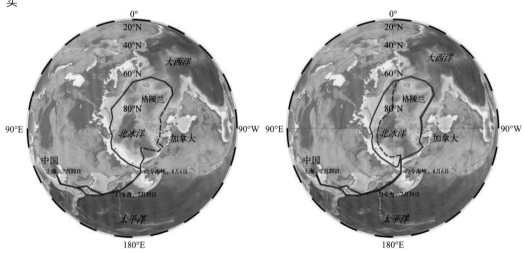

7月8日版（左）和7月9日终版（右）拟定的航线示意图

台区完成冰站作业、穿越东北航道、待回程时进行美国专属经济区作业；同时，为了体现在西北航道海域的海底地形地貌调查，对西北航道前半段航线进行了加粗示意。后半段水太浅，不到 50 米水深，"雪龙"号装备的是深水多波束系统，有 50 米的探测盲区，所以无法进行过浅海域的地形地貌测量。

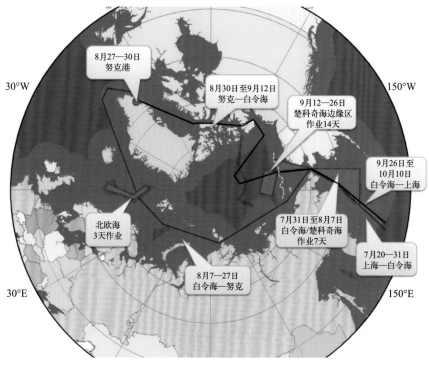

5 月底制订的初步计划

第三节　承国家海洋局重托

7 月 19 日，考察队出发的前一天，最初接到的通知是国家海洋局时任副局长林山青因航班原因晚到，后接到通知要在 20 日下午 2 点前赶回北京，原有计划需重新安排，原计划下午考察队员与领导合影取消，行前动员大会临时改为行前动员暨出发大会。

7 月 19 日晚上 8 点，国家海洋局在"雪龙"号多功能厅召开了中国第八次北极科学考察行前动员暨出发大会。会议由国家海洋局极地考察办公室（以下简称"极地考察办公室"）时任主任秦为稼主持，中国极地研究中心时任主任杨惠根宣布了考察队组成任命，国家海洋局时任副局长林山青做了动员讲话，考察队临时党委书记、领队兼首席科学家徐韧进行了备航汇报并请示启航。林山青副局长宣布按时启航命令并向考察队授中国第八次北极科学考察队队旗。

在动员讲话时，林山青副局长着重强调了（1）充分认识本次考察的重要意义；（2）精心组织，落实好各项任务；（3）做好安全、保密和外事纪律工作；（4）发挥临时党委的作用四个方面的内容。

第四节　冰站考察构思

7月27日，船时（北京时间）晚上6点是例行的每日队务会议。在"雪龙"号五楼会议室，我曾对后续冰站考察提出过作业思路：一是花时间寻找1～2个确保能支撑冰浮标长期工作的冰站，其余冰站沿东北航道冰缘布设，以短期观测和样品采集为主；二是出西北航道后向北进入冰区，根据冰情确定冰站考察区域，白令海盆站位北移至北冰洋中心区作业。

由第一思路示意图可见，当时并没有把握直接穿越北冰洋中央区，所以还是计划先北上完成冰站考察任务，然后向西南进入东北航道，通过维利基茨基海峡后，根据需要可以重回北冰洋中央区进行冰站考察。

提前考虑冰站考察问题，主要是为确保安全，冰上作业只能选择在海冰较为密集的高纬度海域。计划安排顺路的话，就可以节省时间，这也意味着可以有更多的考察时间来获取更多的数据资料。冰站考察有两种形式：（1）短期冰站或日冰站，大船或小艇靠上浮冰并在冰上进行数据收集和样品采集，持续时间为数小时；（2）长期冰站或周冰站，大船船头插入大浮冰，上冰采集样品和连续数据，持续时间为一周以上。由于受北极持续升温的影响，要找到适合长期冰站考察的大浮冰块变得越来越困难，设站的纬度也越来越高，所以必须提前规划以确保考察效率。

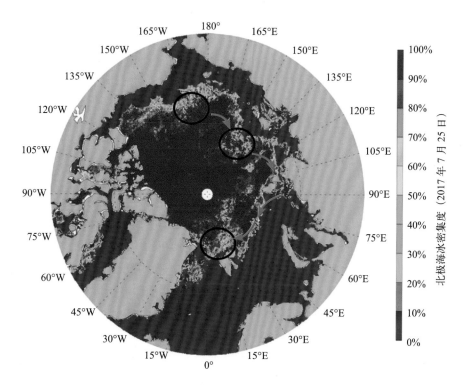

在进入白令海后对后续冰站作业的构想

穿越北冰洋 II

——中国第八次北极科学考察中央航道和西北航道穿越纪实

第二篇

穿越中央航道

8月2日中午11点45分（北京时间），在完成在楚科奇海台的潜标回收后，"雪龙"号开始往西北方向试航中央航道，下午5点进入冰区，沿途克服能见度差、冰情复杂、高纬海域预报信息无法及时接收、缺乏实际相关海域航行经历等诸多困难，最终于8月16日晚上7点45分（北京时间）进入挪威斯瓦尔巴群岛200海里渔业保护区。历时14天，历史性地从俄罗斯200海里专属经济区外的北冰洋公海区完成中央航道穿越，沿途开展了科学考察，开辟了我国北极科学考察新区域，增进了对北极高纬度海域的新认知，同时为利用北极航道积累了珍贵的环境数据和航行经验。

穿越中央航道几乎全程在冰区航行，其中84°N以南冰厚集中在1.0～1.5米，84°N以北冰厚集中在1.5～2.0米，观测到的最大冰厚约4米，沿途同时观测到了30余座小型冰山。穿越中央航道的主要困难包括：（1）无法及时收到国内提供的冰图。在8月10—16日，由于"雪龙"号进入高纬海域，无法及时接收到国内提供的气象和海冰信息，而此时恰恰是最需要相关资料的时候，考察队只能利用过期的冰图来进行判断。（2）出现海雾天气。由于"雪龙"号破冰能力有限，要选择海冰密集度相对较低的海域航行，而海冰快速消融海域很容易出现海雾。海雾天气为航行带来困难，最困难的一次只能临时停船，等待海雾散去。（3）没有在公海区穿越中央航道的航行经验。由于没有航行经验，考察队缺少对一些具体情况的掌握，如在84°N以北海域

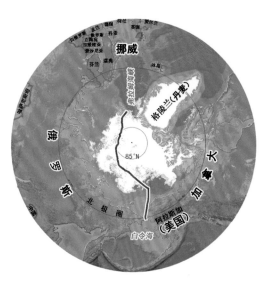

穿越中央航道航迹示意图（刘健　绘制）

会出现大量的冰山，不了解不同海域海冰具体厚度等。（4）设备在冰区作业的高故障率。由于破冰连续震动、低温导致传感器结冰、高纬通信信号弱导致部分仪器设备失灵等诸多问题，深水多波束测深系统等调查设备故障频出，为调查带来意想不到的困难。考察队组织力量对各种故障进行逐条分析和一一排除。

中国第八次北极科学考察，创造了我国船舶首次从中央公海海域穿越北冰洋中央航道的历史。穿越中央航道期间考察队完成了 7 个短期冰站调查，共布放了 10 套各类冰基浮标。冰基浮标采集的环境数据通过卫星实时传输回国内。采集了 80 余根冰芯样品，总长超过 100 米。同时，开展了全程走航和定点海洋站位调查，获取大气、海冰和海洋的观测数据。

让我们共同"逐帧"回顾一下这段不平凡的历程。

Saturday, Aug 19, 2017　Search ▾　Archive ▾　Chinese ▾

Home　Opinions　Business　Military　World　Society　Culture　Travel　Science　Sports　Special Coverage　Photo　Video

English >>

Chinese ice breaker Xuelong crosses central Arctic during rim expedition

By Gong Zhe (CNTV)　13:58, August 19, 2017

《人民网》英文版网站有关穿越北极中央航道介绍

11

07 月 31 日 穿越白令海峡

5 点 35 分（北京时间），"雪龙"号在一片寂静中穿越了白令海峡，当时所有的考察队员都不会想到，这一刻会成为我国北极科学考察的重要历史事件——首次成功穿越北冰洋中央航道的壮举从这一刻开始计时。大家更关注的是：计划上午 9 点在飞行甲板上的"中国第八次北极科学考察队暨'雪龙'船进入北极圈纪念"活动。对于大家，特别是首次参加北极科学考察的队员而言，这个纪念活动才是最受关注的。

上午 9 点不到，我提前来到了位于舰部的飞行甲板。天色有些阴暗，穿着红色考察服，在瑟瑟寒风中还是感到丝丝寒意。随着队员们陆陆续续地到来，气氛逐渐热闹起来。气象保障组贡献了一个大的探空气球，让大家在上面写上祝福和愿望，进行放飞。年轻人最为积极，不一会儿，白色气球上就布满了愿早日脱单、早生二孩、遇见北极熊等各种愿望。这些愿望随着气球的升空，越飞越高，渐渐在视野中消失。期间，不少队员已迫不及待地拿起写有经纬度的 KT 板开始拍照。

朱兵船长宣布，中国第八次北极科学考察队暨"雪龙"船上午 9 点从 66°34′N，169°22′W 穿越北极圈纪念活动正式开始。考察队进行了"全家福"合影，然后通过队形变化在飞行甲板上拼出"八北""八一"等字样。最后，队员们以队旗为中心围成一圈，手拉手顺时针跑动，寓意考察队员紧密合作、确保本次环北冰洋考察圆满成功。纪念活动达到了高潮。

进入北极圈后，"雪龙"号将一路向北偏东方向航行，到达 S01 点进行潜标回收作业。这套潜标是 2016 年中国第七次北极科学考察期间布放的。为此，在纪念活动结束后，考察队安排了潜标回收方案研讨。会议明确，若天气允许，将放橡皮艇来回收潜标。

根据计划，我们在完成潜标回收后，就将进入冰区开展冰站考察作业。所以，下午 2 点安排了冰站设备调试和防熊队员用枪培训，不少感兴趣的队员都参加了旁听。与此同时，由于美国无法及时审批"雪龙"号在其专属经济区海域的科学考察申请，徐韧领队专门召集了相关人员在驾驶台就深水多波束测深系统的使用进行了规范。最终决定，由地球物

防熊队员用枪培训

理组提供200海里专属经济区界限的电子数据，由船员叠加至航行用的电子海图中。驾驶台根据船位通知地球物理组开关机，即进入美国和俄罗斯专属经济区前通知关机，进入公海后通知开机，确保在未经许可情况下不会在他国专属经济区内作业。

考察队员在飞行甲板上合影留念（郁琼源 摄）

北极圈放飞心愿气球（郁琼源　摄）

考察队员在飞行甲板上顺时针绕圈寓意环北冰洋航行（郁琼源　摄）

北极圈与北极

北极圈是指沿着66°34′N纬线的一个假想圈，是北寒带与北温带的分界线，也是北半球发生极昼和极夜现象的南部边界。通常，北极圈内的地区被称为北极地区或北极，由北冰洋以及周边陆地组成，其陆地部分包括了格陵兰（丹麦）大部分、挪威/瑞典/芬兰北部、俄罗斯北部、美国阿拉斯加北部以及加拿大北部。冰岛主岛位于北极圈以南，但其北部有岛屿位于北极圈内，因而北极国家通常包括美国、加拿大、俄罗斯、丹麦、挪威、瑞典、芬兰和冰岛8国。北极圈内岛屿众多，其中格陵兰岛为全球第一大岛（216.6万平方千米），加拿大北极群岛中的巴芬岛、维多利亚岛和埃尔斯米尔岛分列全球第五位、第八位和第十位。由于北极圈内日照短暂，太阳高度不大，阳光穿过的大气层厚度增加，导致反射和散失的热量增多，加上地表冰雪对阳光的反射，使北极地区终年低温，属于冬季严寒、夏季凉爽的气候。

由于北极圈仅是一个假想的纬度线，在该线的内、外实际并没有明显的分界。为此，北极还有另外两种根据自然环境的分界方法：7月10℃等温线和树线。树线是指极地或高山树木生长的界限。这两条分界线有些类似，因为树木的生长与温度息息相关。这两种分界所涵盖的范围要大于北极圈，如白令海，按等温线划分属于北极，而按北极圈划分则仅属于亚北极。

北极圈以北海洋面积约为1400万平方千米，陆地面积800万平方千米。除格陵兰海、挪威海和巴伦支海受大西洋暖流影响大部分终年无冰外，其他海域冬季被海冰所覆盖。由于海冰可反射约80%的太阳光线，而无冰海域可吸收约90%的太阳辐射，因而北极升温导致的海冰减少可加速北极海洋的增温和海冰消融。

理论上，北极点9月秋分至来年3月春分有半年太阳一直位于地平线以下，3月春分至9月秋分太阳一直位于地平线之上，即我们常说的半年"极夜"和半年"极昼"现象。而从北极点到北极圈，纬度越低，极夜和极昼的时间就越短。

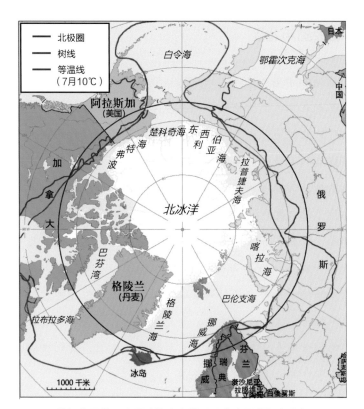

北极分界线示意图（修改自美国国家冰雪数据中心）

　　北极陆地有丰富的景观，如北美西部布鲁克斯山脉的山峰、巨大的格陵兰冰盖、斯瓦尔巴群岛的孤岛、斯堪的纳维亚北部的峡湾，以及西伯利亚北部的高原和河谷，也因此孕育了各种各样的生物，从苔原植被的苔藓、地衣和草地到动物的旅鼠、鸟类、驯鹿、麝牛、北极狐、猫头鹰和北极熊，海洋中有海豹、海象、一角鲸、白鲸、虎鲸和蓝鲸等。

　　北极有巨大的资源储量。据估算，北极地区的石油和天然气储量约占世界未发现石油资源的13%，占未发现天然气资源的30%。北极地区还有富含镍和铜等的矿物质，其矿产资源还包括用于制造电池、磁铁和扫描仪的宝石和稀土。

　　北极的原住民主要为因纽特人和萨米人，其中前者主要分布在俄罗斯东北部和北美北极地区，后者主要分布在斯堪的纳维亚半岛和俄罗斯西北部。

08月01日 楚科奇海航行

冰区离我们越来越近了，考察队已提前安排了首次浮冰出现纬度竞猜活动。据驾驶台记录，本次考察遇见第一块浮冰的时间为 8 月 1 日中午 12 点 18 分，位置为 73°06′N。截至 2017 年 7 月 31 日晚 12 点，共有 72 人参加了活动，其中王飞、王强和王江鹏三位队员的预测结果最接近首块浮冰实际出现的纬度。

今天是八一建军节，下午 2 点考察队组织了退伍军人慰问座谈活动。其实，该活动早就策划了，在昨天的穿越北极圈纪念活动中，还专门安排退伍军人排出"八一"字形中的"一"字。

考察队在昨天晚上收到了国家海洋局极地考察办公室的传真，之前已微信通知，告知美方因我方申请时间短、此时美方公务员多在休假等原因，无法在 7 月 27 日前完成我方在其专属经济区科学调查的审批手续。要求考察队在获得许可前不能在美方专属经济区内开展调查，并在审批后应按美方的要求开展作业，并及时进行调查数据的汇交工作。根据《联合国海洋法公约》的规定，在各国 200 海里专属经济区内开展科学调查需要征得所属国的同意。

在晚上 6 点的队务会议上，我通报了美方科学家杰基（Jackie）提

8 月 1 日 7:06（北京时间、船时）"雪龙"号船位

供的有关阿拉斯加海底光缆的信息。为确保安全，要求在光缆两侧1海里内禁止海底作业，并提及在白令海北部已不允许底栖拖网作业。但在会上我也说明了这只是科学家间的信息交流，并非官方通知。

考察队慰问在船退伍军人（郁琼源 摄）

 ## 楚科奇海——北极航道的共同海域

今天，"雪龙"号在楚科奇海航行。楚科奇海是北冰洋的一个边缘海，位于俄罗斯楚科奇半岛和美国阿拉斯加之间，是由白令海峡进入北冰洋后的第一个海域，因而也是北极3条航道——东北航道、中央航道和西北航道的共同海域，战略价值极为显著。

楚科奇海东部与波弗特海相连，南部通过白令海峡与白令海相连，西部通过德朗海峡连接东西伯利亚海，北部与加拿大海盆相连接。但北部和东部边界在形态学上并不明确，是按惯例线来限定的。该海域面积约59.5万平方千米，平均水深88米，最大水深1256米，56%的面积水深不超过50米。

海区位于北极圈内，气候严寒，冬季多暴风雪，海水结冰。结冰期7个多月，每年7—10月可以通航。夏季多雾。产有数种海豹和海象，夏季有鲸和许多海鸟来此栖息繁殖。栖息于此的北极熊是欧亚5大种群之一。

楚科奇海海岛很少，其中最大岛屿为弗兰格尔岛，面积达7608平方千米，另有赫勒尔德岛（也称"先驱岛"）和科柳钦岛等小岛屿。这3座岛屿均属俄罗斯楚科奇自治区管辖，其中弗兰格尔岛和赫勒尔德岛目前均为无人岛，是弗兰格尔岛自然保护区的一部分。该保护区于2004年入选世界自然遗产，成为目前全球最北的世界自然遗产。弗兰格尔岛在苏联时代是著名的流放地，生物多样性丰富，岛上共有400多种植物，是北极圈内其他地区植物种类总和的两倍。该岛还因北极熊和海象聚居而闻名。

楚科奇海也是影响北冰洋气候环境的重要海域。太平洋入流水通过白令海峡的年入流量约为30 000立方千米，对楚科奇海和北冰洋生态环境产生重大影响。2010年10月15日，俄罗斯曾在楚科奇海设立了一个漂流冰站（Severny Polyus-38），有15名科学家在冰站生活和工作，开展了为期1年的科学考察。

楚科奇海陆架储存有300亿桶（48亿立方米）油气储量。荷兰皇家壳牌石油公司曾于2008年花费了21亿美元获取了该海域的勘探许可，并于2015年在该海域开展陆架钻探。后来因勘探结果不理想、后勤保障费用昂贵和不可预知的联邦政策等原因，逐步终止了在该海域的勘探计划。目前楚科奇海已没有勘探许可。

2015年壳牌石油钻井平台"极地先锋"号在阿拉斯加陆架进行钻探
https://www.arctictoday.com/shell-returns-to-arctic-alaska-with-new-offshore-oil-drilling-plans/

08 月 02 日　启程试航中央航道

　　昨天的队务会上布置了项目组在今天吃早饭前要完成潜标的定位，早饭后开始回收潜标。吃早饭的时候来自自然资源部第二海洋研究所的白有成助理研究员汇报已顺利定位，与预定的位置只差 300 米，这是个非常好的开端。天气预报说今天上午会有轻雾，下午 2 点后好转。不过天空作美，上午能见度还不错，海况也很好。我们对潜标回收充满了信心。

　　早饭结束，回收工作正式开始，领队和我都在驾驶台上关注回收过程。天气比昨天预报的理想，尽管是阴天，但能见度不错。海面很平静，我们可以按计划实施橡皮艇打捞潜标，这已是潜标回收最为理想的海况了。

考察队利用橡皮艇回收潜标

　　大船停船后，负责回收的科考人员顺利接收到了潜标释放器的应答，于是在第一时间让释放器释放潜标。从电子海图看，潜标浮球的冒头应该在船头偏左的方向，大家都涌向左侧。但等了几分钟，也没有浮球的影子。我拿着望远镜，边看边走，转到右侧的时候，有人报告在船头偏右的方向发现了浮球。一看还真是，我早了十几秒钟，与浮球错过了。

沉积物捕获器回收（刘健　摄）

　　11点45分（北京时间、船时），这是个值得纪念的时刻。让我们来看"雪龙"号的航行轨迹，潜标回收前，进行了3点定位，所以我们看到的是"雪龙"号围绕潜标回收点画了一个圈。而这次回收非常顺利，没有"兜圈子"。我们在"雪龙"号航迹图上看到还有一段在圈子中间往东北方向的航迹，主要是应海底地形地貌调查人员的要求补的航线。由于兜的圈子有点大，地形地貌勘测中间留了一块空白，所以就批准弥补了一下。补充完这条测线，"雪龙"号航向就由北偏东调整为往西北方向，径直奔赴冰区了。这个转折点，也就是我们这次试航中央航道真正意义上的起点，因为若中央航道从白令海峡开始算的话，无冰区对于"雪龙"号而言是没有任何挑战的。

　　中午12点10分，考察队在五楼会议室进行了冰情和后续航线的讨论。在往北还是往西北方向的选择上，经讨论，从效率等因素考虑，最终选择了往西北方向前进。会议同时讨论了冰上作业所需的饮用水、食品、对讲机、探冰钢钎、保温箱、连体服和航空救生衣等事项，并逐项进行了落实。

下午 2 点在二楼餐厅安排了防熊队员的用枪培训，不少感兴趣的考察队员都参加了旁听。

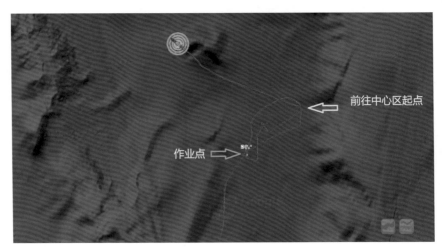

航行动态显示的"雪龙"号航迹
（绿色箭头所指为作业点，橙色箭头为从考察到试航中央航道转折点）

8 月 2 日 15:21（北京时间、船时）"雪龙"号船位

海洋长期观测与潜标

　　我国极地海洋考察有"雪龙"和"雪龙 2"号，可实施"双龙探极"。依托科考破冰船可获取较大范围海域的考察数据，但无法获取定点长期连续观测数据，而连续观测数据对于深入了解北极海洋特性和潜在变化至关重要。

　　获取连续观测数据有多种方法，如利用极轨卫星（运行轨道经过南北极上空的卫星）的遥感观测可以获取海洋表面的海冰和海洋水色资料；利用海洋表面漂流浮标、冰基拖曳浮标和 Argo 浮标（用于海洋温盐深剖面自动测量）可以获取水下连续数据，但这些浮标会受到海流影响，无法定点观测。要想获取定点连续观测数据，常用的装备是海洋锚碇（海床基）浮标或潜标。

　　所谓锚碇，就是像抛锚一样，利用重块把浮球、缆绳和设备组成的系统固定在海底。海洋仪器可根据观测要求在布放的时候固定于缆绳的某一位点。布放后缆绳在浮球浮力的作用下，会形成一个上下剖面，设备就可以在预设的深度开始观测。其中最上面的浮球（浮体），浮于海面的称为浮标，不露出海面（潜在水下）的则为潜标。中低纬度海域可以用浮标，而高纬海域，特别是极地冰区，海冰和冰山会破坏露出海面的浮球，所以只能用潜标。

　　潜标一般由若干浮球、缆绳、固定在缆绳上的海洋设备、声学释放器和重块组成，如图所示。在设计上，浮球产生的总浮力应明显大于设备和缆绳的总重量，不然整套设备就会沉到海底；重块的重量应远大于浮力，不然会走锚。浮球可以是一组或几组，若是深海潜标，一般会配备多组浮球，固定在不同深度。海洋设备包括海流计、温盐仪和沉积物捕获器等多种。潜标的观测设备都是自容式的，观测获取的数据在设备内部储存，等设备回收后进行读取；浮标固定或连接至浮体的设备可以是自容式，也可以通过卫星天线实时传回观测数据，深水设备只能是自容式的。声学释放器连接缆绳和重块，是潜标设备回收的关键。回收时考察队员通过声学进行潜标定位，并发出声学信号触发释放器的挂钩释放。挂钩释放后，包括浮球、缆绳、设备和声学释放器在内的整套系统与重块脱离，并在浮力的作用下上浮到海面。船上的科考队员发现最上面的浮球后，就可以通过大船或小艇对浮球和设备进行回收。

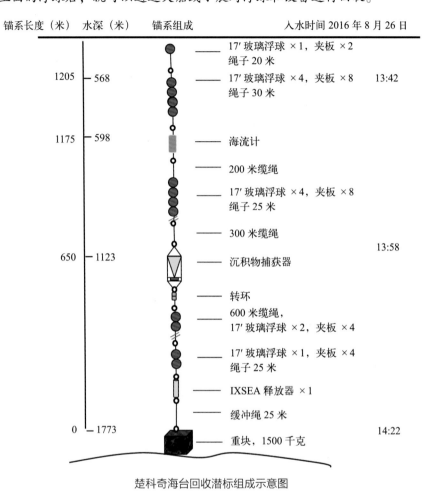

楚科奇海台回收潜标组成示意图

在深水区布放的潜标，其缆绳较长，通常在1000～4000米，因而在布放时通常是边布放边连接。最初布放是最上面的数个浮球，然后是缆绳和设备，最后释放的是重块。船低速航行确保浮球、缆线和搭载的设备能够延展出去而不会缠绕。

潜标通常布放在冰区夏季无冰海域，这主要是为了能够顺利回收潜标。因为在夏季冰区，一旦潜标释放后浮球隐藏在大的浮冰下面，设备通常难以回收。冰下回收需要具备极强的冰下作业能力，如利用冰下潜器或潜水员去发现浮球。美国从 2001 年 4 月起在北极点海域布放和回收潜标。最上面的浮球离海表 50 米，分层测量海水的温度、盐度、海水的流速流向，以及冰厚和冰的移动速度，并获得了一些新的发现，例如，在大西洋水层（水深约 400～500 米）和深水中发现了水温下降和变淡的趋势，说明大约 15 年前开始的中层海水变暖趋势开始逆转。观测记录同时显示，上层海洋中存在大量的漩涡，也有部分流涡达到深层海域。上层流涡通常高温、高盐，而深层流涡则通常高温、低盐。

08 月 03 日　第一冰站作业

根据队上的安排，由我负责组织和实施冰面作业，沈权副领队负责防熊瞭望等安全工作。按原定计划，海冰作业期间，我需要在每天早饭前去驾驶台选好冰站，早饭后就可以开始冰上作业了。无奈"雪龙"号刚进冰区不久，所见到的海冰可以用"满目疮痍"来形容，早饭前根本找不到一块可以安全上冰作业的海冰，只得推迟了计划。我整个上午都坐在驾驶台的窗台上，心中不免有些焦急。到了下午，总算勉强选择了一块海冰，队上决定尽快开展作业，并且临时安排提前至下午 4 点 50 分吃晚饭，然后尽快上冰作业。

对于冰站而言纬度还比较低，根据历史数据和经验判断，这些海域的海冰基本上会在夏季全部融化，因而仅安排布放了一套国产海冰温度链浮标，同时开展了生物和化学样品的采集。上冰人员包括冰浮标组 8 人、生化组 7 人、防熊队员 3 人，加上我一共是 19 名科考队员。

在队员正式上冰前，考察队专程安排了防熊队员的实弹打靶，然后黄河艇接科考队员上冰作业。天色有些阴沉，但选定的冰站却给了我们一个意外的惊喜，海冰的厚度居然达到了近两米。但即便是这样，由于纬度太低，我们也没敢把价格不菲的复杂冰浮标布放在这个冰站上。

本次考察队的总人数才 96 人，而之前的考察航次总人数均在 120 人左右，所以各专业人手都比较紧缺。上冰队员尽管比较多，但不少是临时挑选的志愿者，对冰上情况和作业流程均不太清楚，所以一开始大家都有些手忙脚乱。

作业接近尾声的阶段，防熊队员龚洪清建议让领队带上媒体记者上冰拍摄一些作业镜头，我觉得这个主意不错，就联系驾驶台，让队上考虑我们的建议。

快速融化中的海冰

然后派小艇回去接人。由于海冰漂移，小艇左冲右突，好不容易冲出海冰的重围，回到"雪龙"号船边。但想要再回到冰站，就非常困难了。黄河艇尝试了多次，也没能成功。二副徐浩带领队员蓝木盛和宋普庆从黄河艇能够靠岸的另一侧前往探路和接应，在满是融池（海冰表面融化后形成的水池）的冰面慢慢地探出了一条可行走的路线。领队和4名媒体记者一路蜿蜒，终于到达了我们作业的冰面。等拍摄完成后，黄河艇也终于接近了作业冰面。

本次冰站作业共用时5个多小时，我们从下午5点37分登上黄河艇，晚上10点43分顺利回到母船。

冰站卸载科考物资

在冰上布放冰浮标电池舱

冰下海水温度和盐度测量

考察队员上冰做什么？

海冰是北冰洋最为重要的特征，海冰对北极气候、生态、经济和军事均有重要影响。北极升温是全球平均升温的两倍以上，迅速升温导致海冰消融和海冰储量显著下降。海冰能反射大部分的光线，而无冰海域则能吸收大部分的光线热量，因而海冰消融会促进更多海冰的融化。海洋储热增加会导致秋季结冰期的延迟和大气温度的进一步上升。海冰的减少也会深刻影响北冰洋生态系统。北极生物的标志性物种——北极熊，主要在海冰上捕食海豹。但海冰的减少可导致觅食地的缩减，使部分北极熊滞留陆地并入侵人类居住的社区。海象通常在浮冰上栖息并在广阔的陆架觅食，近岸海冰的消融导致海象觅食地从北极宽广的陆架减少到沿岸狭窄地带。海冰的消融同时可促进北极资源利用，如北极航道适航性增加，促进北极航道的商业利用；同时减少了陆架油气资源开发的成本。

冰站考察根据考察持续时间的长短分为短期冰站考察和长期冰站考察。短期冰站主要在船基考察期间设立，根据考察时间长短又可分为日冰站和周冰站。尽管之前我们都把周冰站称为长期冰站，但严格来说都应该归为短期冰站。长期冰站一般持续为数月至1年以上，目前有两种支撑方式：一种是考察船在北冰洋冰封1年，依托考察船设立冰站进行考察，如北极气候研究多学科漂流冰站计划（国际MOSAiC计划），由德国"极星"号来支撑冰站考察；另一种是俄罗斯在北极设立的长期漂流冰站，依托考察船在北极冰面上设立冰站，然后船离开，期间用固定翼飞机进行后勤补给和人员轮换。考察结束后，再派船接人员和设备撤离。由于近年来北极海冰的快速融化，这种方式越来越难以支撑1年的时间周期。

依托冰站的冰上考察大致可以分为以下3类，（1）冰上自动观测：在冰上安装自动化观测设备，通过各类传感器采集冰厚以及冰上、海冰、冰下的海洋温度和盐度等环境数据，部分设备在撤离冰站前拆除运回考察船，而冰基浮标等则留在冰面上，通过卫星传输，获取实时连续观测数据。（2）冰下长距离观测：依托考察船或海冰，释放冰下自动潜航器等，获取冰下大范围海洋环境或海冰厚度等资料。（3）采样分析：采集大气、积雪、冰表融水、海冰、冰下海水样品，部分样品在船上进行分析；部分样品经船上实验室预处理后，根据不同保存要求，常温、低温或超低温保存，回国后进行后续分析，获取海冰盐度、营养盐浓度、生物多样性和污染物浓度等数据。

北极越冬漂流计划德国"极星"号卸运物资到冰面
引自 https://mosaic-expedition.org/expedition/ice-camp/

　　冰站考察的首要任务是安全，而安全的重中之重则是防熊。对于小范围作业，冰上考察通常会配备至少两名防熊队员，呈约60°角散开，与考察船或小艇构成一个三角形，科考队员被限制在这个安全三角区内作业。对于大范围作业，上冰作业队员被分成若干作业组，防熊队员跟着作业组进行防熊，并安排专人在驾驶台进行值守瞭望。为确保安全，我国第四次北极考察以来，还配备了用玻璃钢材质制造的球形"苹果屋"，除了用于防熊外，还有作业间隙临时休息之用。考虑到北极夏季多雾，发现北极熊后可能来不及撤离到考察船，"苹果屋"直接布设在每个作业组的作业区附近。而从我国历次北极科考冰上作业的经验所得，直升机是驱离北极熊最为有效的手段，所以开展冰站考察期间，直升机一直处于值守状态，可随时准备起飞排除险情。

冰上作业的后勤保障极为重要。对于小范围作业，如持续几个小时的短期冰站作业，一般只采用人工拉雪橇来输运设备和样品；而对于大范围作业，如持续数天甚至更长时间的冰上作业，则会配备带雪橇的雪上摩托车等来运送人员和物资，或动用直升机运送科考队员到周边海冰上进行作业。

2012 年俄罗斯在北极点布设漂流冰站

引自 http://www.access-eu.org/en/publications/access_expeditions/np_drifting_station_2012.html

08 月 04 日　第二冰站作业

这是一片冰脊（海冰因外力作用堆积形成高于冰面的部分）冰比较多的海域，从冰图上来看，海冰也相对比较密集。由于海冰正处于快速融化期，因而从驾驶台遴选冰站的时候，有意选择有冰脊的海冰，想确保冰浮标存活的时间能够长些。但事与愿违，到现场后看，海冰的状况并不好。选中的冰脊冰作业面不够大，绕到远侧上冰尝试，结果还是不理想。

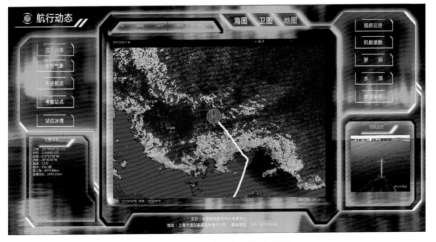

8月4日5:06（北京时间）船位

　　在驾驶台上遴选冰站具备居高临下的优势，视野广，容易找。但想开小艇去选海冰，简直就像"无头苍蝇"一样，根本不知道目标在哪里。于是临时决定就在冰面的另一侧上冰，但冰厚也只有1.2米左右，并且冰脊附近都是融池，于是决定仅做生物和化学分析采样以及声学实验，没敢布放冰浮标。

　　作业后发现这片海冰有些特殊：生化作业区应该是两层冰重叠的，冰芯最长达3米，而另一侧做声学试验的冰面却仅有80厘米左右。一开始的时候大家并没有觉察，因为探冰的厚度仅为1米多，并且冰芯取到1米多的时候已出水，以为就是这个厚度。但在取冰下水的时候却发觉采水器放不下去，通过冰芯钻取才发觉下面还有一层冰。来自中国极地研究中心的蓝木盛工程师事后告诉我说这个站位的冰与众不同，细菌含量超高。

雾中"雪龙"（刘健　摄）

考察队安排了 5 千米声学试验，作业结束时"雪龙"号离冰站还有较远的距离。黄河艇只能在原地转圈，等待"雪龙"号的到来。天色有些阴沉，在等待母船期间，感觉有些寒冷。这个区域的海冰堆积得比较厉害，有不少大的冰块耸立在远处的冰面上，在暗淡的光线下，感觉有些狰狞。

冰芯测温（刘健　摄）

这个冰站作业原计划是 3 个项目：冰浮标布放、生化采样和声学试验，作业人员 20 人，加上防熊队员 3 人和我，一共有 24 人上冰。作业时间为下午 1 点 20 分至下午 5 点 10 分，近 4 个小时。

在晚上 6 点的队务例会上，领队徐韧强调了前一阶段比较顺利，但后续冰站难度更大，要做好充分的思想准备。同时，食品要到位，防熊瞭望一定要提高警惕，要拿出百分之一百二十的精气神，确保人员和设备安全，顺利完成既定任务。

冰站作业（刘健　摄）

俄罗斯的长期冰站考察

我国是北极科学考察的后来者，1999 年 7 月才组织了首次大规模的国家北极科学考察，2004 年 7 月 28 日北极黄河站落成启用。而北极国家，特别是北冰洋沿岸国家，对北冰洋的考察具有悠久的历史。

俄罗斯是长期冰站考察的最大贡献者，最早于 1937—1938 年间实施了首个"北极"漂流冰站考察，此后共陆续实施了 40 个漂流站计划，多数持续时间为 2 ～ 3 个月，但有的持续了 1 年甚至更长时间。整个漂流冰站考察计划有 3 个重要时期：1937—1938 年、1950—1991 年、2003—2013 年。其中，第一个阶段是漂流冰站考察的尝试，第二阶段是连续漂流冰站考察直至苏联解体，第三阶段是俄罗斯经济发展后恢复的漂流冰站考察。

长期冰站需要选择合适的海冰作为基地，利用考察船、直升机或固定翼飞机把考察队员和考察物资运送到冰面，并建立起营地开展长期考察。队员们需要在冰站上生活并进行科考，持续数月直到任务完成后被接走。若是长时间考察，期间还需要考察船或固定翼飞机提供后勤补给和人员轮换。这种考察的一个潜在危险是，一旦冰况变差或环境发生改变，将给考察队员带来危险。

有位参与漂流冰站考察的队员描述了曾经的惊险经历：冰站从中间一分为二，裂开了一条 15 米宽的冰间水道。一部分人和食物在一半浮冰上，而另一部分人以及烹饪和取暖燃料，则留在了另一半浮冰上。等待了许多天，直到冰间水道重新冻结，可以支撑人员在上面行走，才化险为夷。其中还有一人不慎落水被救回——而这一切居然发生在完全黑暗的极夜期间。

长期在冰站生活和工作，北极熊也是一个重大挑战。大多数的漂流冰站都配备了狗，以帮助在北极熊接近营地时警示科考队员。有时，狡猾的北极熊会乘考察队员忙碌之机偷偷溜进住舱。曾经有一次，考察队员返回住舱时发现里边已被北极熊洗劫。

这些漂流冰站考察，不仅创造了大量的传奇故事，更是奠定了俄罗斯对北冰洋中央区认知的基石。所有冰站除保障人员外，都安排了科考队员，利用科考设备开展海洋、海冰和大气研究，同时也开展海流制图、海洋化学、生物和生态学研究，甚至涉及科考队员在冰上生活和越冬的健康影响等人体医学研究。这些漂流站的研究跨越近80年，获得了极为难得的、详细的有关北冰洋中央区的长期观测数据。

近年来，海冰快速消融导致找到适合建站的浮冰变得越来越困难。为此，俄罗斯联邦水文气象和环境监测局投资建造了"北极"号浮冰区加强型可移动平台，用以继续冰站漂流计划，开展北冰洋高纬海域的全年地质、声学、地球物理和海洋观测，并提供舒适、安全的工作和住宿条件。平台类似破冰船，但在设计上确保研究空间的最大化。平台长83.1米、宽22.5米、吃水深度8.6米，排水量超过10 000吨；移动速度约10节，船体强度Arc8（俄罗斯抗冰第二等级）；可携带约使用两年的燃油；使用寿命至少25年；船员14人，科研人员34人。该平台计划于2023年秋季开始实施北冰洋为期两年的科考首秀。

俄罗斯建造的"北极"号浮冰区加强型可移动平台

引自俄罗斯卫星通讯社

08月05日　第三冰站作业

由于要进行 10 千米的声学试验，在我们冰站作业队员乘小艇离开"雪龙"号后，母船也离我们而去。天色有些阴沉，不过能见度还不错。在船离开 10 千米后，我们还能见到它的身影。

这次选到的海冰很平整，唯一的缺点是海冰不厚，在登冰点测得的冰厚为 1.3 米左右；再往前走走，差不多还是这个数；再走走，也还是这个数，表明这确实是块相对平整的海冰。因为第二个冰站没有布放冰浮标，大家还是觉得有些压力。大气海冰队队长、来自国家海洋预报中心的杨清华研究员坚持再往前走走，最好到冰脊附近。尽管是块完整的海冰，冰上也有积雪，但通过积雪的明暗判断还是有冰裂隙存在，验证结果正是如此。为安全起见，我自己也跟在后面，边走边探路。就算到了冰脊附近，海冰也不厚。但在越过冰脊后，我们却迎来了惊喜。在两个冰脊之间的一块冰面上，找到了约 1.8 米厚的海冰，我们布放了一套物质平衡浮标、一套进口温度链浮标和一套海冰漂移浮标。

布放冰浮标的流程包括钻孔、布设、连线、启动监测，然后等待国内收到监测数据的确认。等待期间是大家最焦急的。等听到已收到监测数据包的时候，大家心里的石头一下就落地了。这表明布放的冰浮标工作正常。

生化组和水声组还是留在黄河艇附近作业，这样比较安全。布放声学发声装置需要在冰面上打一个较大的冰孔，再把设备从冰孔放下去，吊挂在海水中。只是开始的时候有点麻烦，几个人轮流拉线启动冰钻配备的汽油机头，但就是启动不了，急出大家一身汗。

黄河艇参与冰站作业时，一般是通过冲撞让艇的头部骑上海冰，并在冰面上固定两个桩，小艇就能固定而不会飘走。这样有个好处，船相对冰站是固定的，科考物资和采集的样品可以随时运回小艇，并在出现北极熊威胁等危险时，科考队员可以在第一时间撤回到小艇上。

在冲撞的过程中，水中泛起了大量的冰藻，表明这片海域的生物量比较丰富。另外，在黄河艇冲撞期间，还有两只飞鸟前来凑热闹，在小艇的另一侧队员们还见到了海豹。看着大家兴高采烈的样子，我和老队员龚洪清反而隐隐感到一丝不安。因为有飞鸟和海豹，说明这片海域食物丰富，北极熊出现的概率就会大大增加。这对冰上作业无论如何都不是一个好消息。好在有惊无险，大家平安、顺利地完成了第三个冰站的作业任务。

第三个冰站共布放了 1 套温度链浮标和 1 套物质平衡浮标。作业时间从中午 12 点 10 分一直持续到下午 4 点 30 分，4 个多小时的时间。其中声学的作业时间为下午的 2 点 10 分至 3 点。

晚上 6 点 15 分至 7 点 10 分在 "雪龙" 号上进行了温盐深剖面仪（CTD）作业。CTD 可用于采集海水全深度的温度、盐度和深度剖面数据，并根据需求采集不同深度的海水样品，是海洋调查最常见的装备之一。

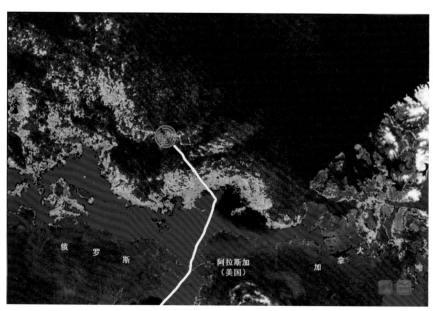

8 月 5 日 5:48（北京时间）"雪龙" 号船位

准备登冰作业

钻取冰芯

采集冰下海水

 冬季北极鸟儿都去哪儿了?

本次冰站考察见到了两只海鸟,并有人看到了海豹。这是"雪龙"号进入冰区后,第一次见到大型生物。北极其实鸟类众多,只是高纬冰区食物短缺,较难见到而已。

北极鸟类有海雀、燕鸥、鸬鹚、绒鸭、塘鹅、海鸽、潜鸟、三趾鸥、暴风鹱、鸻、贼鸥、松鸡、海鸥、瓣蹼鹬、翻石鹬、三趾滨鹬,以及一些特有的猎鹰、鹰和猫头鹰。有些当地鸟种,如岩雷鸟和松鸡等,它们具备季节"换装"能力,它们的羽毛在夏季为灰色,到了冬季就换装成纯白色,从而可以更好地在雪地里隐藏自己,躲避天敌的攻击。

但北极鸟类中更多的是来北极繁育后代的候鸟,一旦北极夏季过去,它们就会南迁到更为温暖的中低纬度地区甚至南极去越冬。一些长途迁徙的种类,如北极燕鸥,体长约30厘米,以小鱼、昆虫和甲壳类动物为食,以动物界中迁徙距离最长而闻名。在冬季开始时,它们飞往南极,去迎接南极的夏季。当南极冬季来临,它们会重返北极繁殖地,每年往返距离约 70 000 千米。游隼是世界上飞得最快的鸟，其最高速度超过 300 千米/小时，捕食鸣禽、鸽子和蝙蝠，在北极苔原繁殖，冬季迁徙到南美洲，覆盖范围超过 25 000 千米。红翻石鹬是一种小型滨鸟，以水生无脊椎动物和昆虫为食，因其喜欢采集和翻转石头而得名。它们在北极苔原的岩石地区繁殖，冬季则迁徙到广阔的欧洲、非洲、北美洲、南亚和南太平洋岛屿的海岸，最大行程可以超过 10 000 千米。

北极燕鸥

黄嘴潜鸟

其中一些鸟类仅在北半球迁徙。如雪雁，以它美丽的白色羽毛而得名，它们在北极苔原的偏远地区繁殖，冬天则成群结队地迁徙到美国南部和墨西哥中北部地区，在冬季结束时，它们再次回到北极苔原。黄嘴潜鸟是全球最大的潜鸟，长度为 76～96 厘米，主要以小鱼、软体动物和甲壳类动物为食。它们在夏季北极苔原繁殖，利用大陆沿岸的苔原植被筑巢，大部分时间都逗留于苔原的大型苔原湖泊中。在冬季，它们南迁到阿拉斯加南部和不列颠哥伦比亚省。小绒鸭长 45 厘米，主要以软体动物和甲壳类动物为食，是绒鸭家族中体型最小的成员。它们在北极苔原筑巢繁殖，大部分时间生活在北极苔原的河流和较大的湖泊中，冬季会形成大群，迁徙到白令海。

北极升温的加剧，加上栖息地的丧失和退化，正将越来越多的野生动物物种推向灭绝的边缘。了解快速变化的环境如何影响每年往返北极的鸟类，对鸟类的国际保护工作至关重要。然而，对于一些北极物种来说，关于它们的迁徙路线仍不是很清楚。科学家们利用在鸟类身上安装 GPS 定位传感器解开了中贼鸥、短尾贼鸥和长尾贼鸥这 3 种贼鸥的迁徙谜团。他们发现，这些鸟类从加拿大北极同一筑巢地点前往不同的大洋越冬：有 1 只中贼鸥去了西太平洋，有 4 只短尾贼鸥去了西大西洋，有 2 只长尾贼鸥则去了东大西洋和西印度洋。

08 月 06 日　第四冰站作业

上午好不容易发现了一块看上去还不错的海冰，但上冰后就发现实际情况并不像在驾驶台看到的那样。这块海冰远看挺好的，没有什么融池，也比较平整，但近看就发现其实冰上有不少融池，只是被雪给盖住了。

张涛作为防熊队员最先上冰，结果一脚踩在了融池中，不过毕竟队中还是有些"老江湖"，他们立刻喊快躺下、快躺下。你可能会想，躺下不是整个人在融池里了吗？躺下是为了扩大受力面，就算要沉，也会比站着沉得慢，可争取更多的救援时间。实际上，被积雪覆盖的冰裂隙和融池是冰站考察除北极熊外的第二大威胁。融池是春季和夏季海冰融化在冰面形成的大小不一的水池，可以分为不通透融池和通透融池两种。不通透融池只是海冰的上表面融化，因而不小心踩上去，最多就是浸湿服装和鞋袜，不会危及生命。而通透融池则是与海相通的，若不小心踩上去，是非常危险的。这些危险在没有积雪的时候非常好判断，但一旦有了积雪，分辨起来非常困难。若天气条件不是很好，就更难了。所以，上冰一定要小心、小心、再小心。

为确保安全，大家尝试了同一块海冰邻近一侧上冰。冰上融池还是很多，不远处还有一条很长的冰裂隙，我与防熊队员用彩旗圈定了一个很小的三角形区域，作为生化的作业区。但冰浮标的布放就没有办法了，因为要想冰浮标长寿，就不能布放在海冰的边缘，只能布放在海冰的腹地，因而参与冰浮标布放的队员只能跨过冰裂隙。为安全起见，我让防熊队员特意沿着裂隙插了一排彩旗作为标记，但还是有两名队员不小心踩了上去。好在冰裂隙最大宽度也就 40 厘米左右，人下不去。

海冰不厚，在 1.3 米左右，但与之前的冰站相比较，这个冰站还算过得去。杨清华前后共申请了两次作业，一次是布放海冰温度链，然后在请示了国内以后，申请布放漂移自动气象站，导致作业的时间较长。从中午 12 点 20 分出发，到晚上 6 点 10 分回到"雪龙"号，本冰站作业共历时近 6 个小时。

"雪龙"船冰区航行（北京时间 7:38）

冰下温盐参数测量（刘健　摄）

冰基漂流气象站的安装与固定

每日一题 冰基浮标长期观测

最近的研究表明，北极可能既是气候变化的敏感指标，也是气候变化的活跃因素。但北极冰区，特别是高纬冰区长期连续观测数据非常缺乏。海冰严重阻碍了对北冰洋的持续观测，而破冰船和飞机的后勤费用昂贵，限制了数据采集。此外，常年海冰区使一些在开阔海域常用的设备没有用武之地。为此，包括我国在内的北极考察各国陆续研发了一些可以固定在浮冰上的自动观测装备，开展大气、海冰和冰区海洋的长期自动观测。

下面给大家介绍几款目前常用的冰基浮标。

（1）冰基拖曳剖面浮标（Ice-Tethered Profiler，ITP）

该系统由美国伍兹霍尔海洋研究所研制，主要用于冰下 800 米深度范围内的海洋环境剖面监测。

ITP 由表面舱、包塑钢缆、剖面仪和重块 4 部分组成。表面舱为圆柱形浮体，内部埋设电子箱，固定在海冰表面，舱内有一个系统控制器，用于支持控制器与剖面仪通信的感应调制解调器、铱星天线和电池组；钢缆 500 ~ 800 米可选，前 5 米有厚的保护性聚氨酯护套，底端加装重块确保缆绳垂直；剖面仪安装在钢缆上，通过自备的电池和小型牵引驱动轮定时沿着钢缆上下运动，利

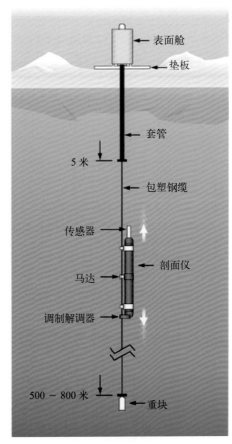

ITP 冰基拖曳剖面浮标

用安装在剖面仪上的传感器获取环境数据，可以获取的数据包括：温度、盐度、深度、溶解氧浓度、叶绿素荧光和二氧化碳分压等。数据传输到表面舱后，经铱星天线通过卫星链路实时传回国内。

按电池容量的设计，ITP 寿命为 3 年，每天获取两个剖面数据，设计寿命内可以获取超过 1600 组剖面数据。当然，由于海冰消融和外力作用等不确定因素，3 年寿命只是一个理论值而已。

（2）海冰物质平衡浮标（Ice Mass-Balance，IMB）

IMB 是目前国际上最常用的冰浮标之一，主要用于监测海冰的生长和消融，开展海冰热力学研究。

它由 3 部分组成：浮体、温度链和声学传感器（超声波）。这几个部分分散布放、用线缆连接，并没有整合成为一个整体。

温度链由多个热敏电阻组成，通常为 5 ～ 10 厘米间隔（国产的为 3 厘米），固定在 PVC 塑料棒上。声学传感器有两个，分别位于海冰的上方和下方，其中：上方的位于空气中，探头向下，用于测量积雪厚度变化；下方的位于海水中，探头向上，用于测量冰厚的变化。测量数

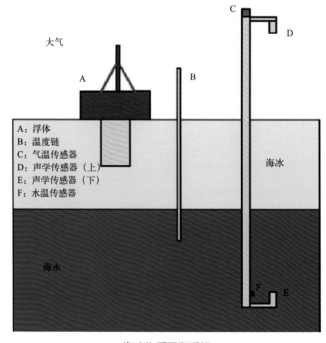

海冰物质平衡浮标

据通过卫星链路实时传回国内。

浮标的设计寿命长达 3 年。迄今为止，其平均寿命约为 1 年。

由于设计相对简单，成本也较低，包括我国在内的多国都有类似功能的产品。

（3）"无人冰站"观测系统（Unmanned Ice Station，UNIS）

UNIS 是"北极海－冰－气无人冰站观测系统"的简称，是我国自主研发的无人值守观测系统，得到国家重点研发专项支持。系统由 4 部分组成：大气观测子系统（气象塔，4 米）、海冰观测子系统、海洋观测子系统 –1（30 米 6 个固定层位观测）、海洋观测子系统 –2（120 米运动剖面观测），是目前国际上最为综合的多参数海冰浮标，可以获取冰上 4 米至冰下 120 米范围内的空气温 / 湿 / 压、海冰厚度、积雪厚度、海冰温度、海水分层温度 / 盐度 / 叶绿素 / 溶解氧等数据资料，用于北冰洋高纬海域大气、海洋和海洋科学研究。

该系统可以组合布放，也可以分系统布放。观测数据通过卫星链路实时传回国内。为了增强对装备出现故障时的原因分析能力，系统改进型还增加了摄像头，用于监测 UNIS 的冰上状态。海冰观测子系统是整

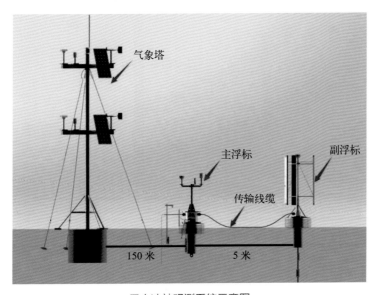

无人冰站观测系统示意图

套系统的核心，负责整套系统的控制与卫星通信。该系统已投入我国北冰洋业务化观测应用，同时参与了北极气候研究多学科漂流冰站计划（国际 MOSAiC 计划）的自动观测组网，自主观测时间超过 1 年。

（4）其他

目前在北极应用的还有其他类型的冰基浮标，如加拿大和日本联合研制用于收集海冰气象数据的极地浮标（J-CAD），加拿大研制用于采集冰区 60 米上层海洋温度和其他环境要素的温度探测浮标（UpTempO）。

当然，还有一些更为简单的单一要素冰基观测浮标，如温度链浮标，只能获取温度剖面数据；海冰漂移浮标，只能获取 GPS 定位数据，用于分析海冰的漂移轨迹。因单体成本低，布放的数量可以较多。

布放于冰站的国产物质平衡浮标

08月07日 第五冰站作业

　　最初，队上策划让所有队员上冰"着着冰气"，拍照留念。从 SCAR 卫星冰图上看，在十多海里的地方有一块很大的浮冰，所以我建议船长去寻找这块冰以便"雪龙"号可以直接插入冰中，方便船把舷梯直接搭在冰面上，这样所有队员就可以直接上冰了。"雪龙"号前往该大块冰的途中，我们同步遴选冰站进行作业。但实际上，我们最终也没能找到这块大冰。到了计划做第五冰站的时候，"雪龙"号已走出了密集冰区，我们一帮人在驾驶台看，眼看船要驶出冰区到一片非常开阔的无冰海域了，我跟驾驶员商议还是往西北方向回到冰区。由于冰站作业也已完成一大半了，上冰机会不多，队上决定有合适的冰站就让大家上冰体验一下。

　　我们遴选了一块浮冰，觉得冰盘的东北角比较好，这样的话，黄河艇要穿过一条水道，才能绕到东北角。小艇出发后，我认为附近的这片冰也不错，感觉比东北角的还要厚实，就让小艇艇长徐浩把艇开过去。在黄河艇正在准备骑上海冰时，沈权在驾驶台用对讲机告诉我说这边有一条非常长的冰裂隙，感觉这片冰很快就要开裂了。于是，我们还是按照原来的计划，穿过水道前往出发前确定的大冰盘东北角。不过，绕过去以后发现，看上去的平整主要是有很厚的积雪，实际上海冰表面的融池非常多。于是，我们决定到水道对面的冰盘去看看。运气还不错，选的地方感觉可以作业，也比较开阔。探冰队员上去测试后，海冰厚度在 1.4 米左右，比第四冰站的还好。原本我是希望能向垂向纵深设立作业区，但杨清华带领的探冰团队汇报说这一方向的融池太多，就往偏西方向找了一个作业地点。

　　在大家展开作业的同时，接到了沈权的对讲机呼叫，询问黄河艇是否可以回去接下一批上冰队员。我回答让再等 10 分钟左右。等作业面完全展开后，可以让小艇回去接人。

　　第二批队员上来还比较顺利，这时候风雪变大，中间的水道在慢慢变窄。等小艇再回去接人的时候，已走得非常艰难了。等小艇最终过去接人，再想原路来到冰站，已绝无可能。因为这时候两大冰盘已在风力的作用下亲密"相拥"了。如此体量的冰盘挤在一起，用没有破冰能力的黄河艇去开道就是在"以卵击石"。第三批是沈权带队，他说可以绕道而行。这时候风雪越来越大，开始的时候还是能远远地看到小艇，但后来就见不到了。感觉过了非常长的时间，才在右侧很远的地方隐隐约约出现，原来所谓的绕道是绕过了几乎整块的海冰，难怪需要这么长时间。在大海里，"雪龙"号就是沧海一粟，更不用说原来是藏在"雪龙"号肚子里的黄河艇了。这时候"雪龙"号也已破冰来到我们冰站一侧会合了。

等第三批队员到了的时候，风雪交加，条件变得恶劣，但气氛达到了高潮。特别是从没上过海冰的队员，显得格外兴奋，一个劲地拍照留念。风雪更是衬托了北极的这种氛围。

尽管过程有些曲折，总的用时还好。从中午12点20分，持续到下午3点25分，共计约3个小时。经过前期的磨合，大家在冰上作业已经很熟练了。

冰上探路（刘健　摄）

8月7日17:45（北京时间）"雪龙"号船位

本次考察冰上全家福（郁琼源　摄）

每日一题 北冰洋中央区冰下会有鱼吗?

众所周知,尽管冰天雪地,北冰洋里的生物,从浮游生物、鱼类、鸟类到哺乳类,还是比较丰富的。巴伦支海还是一个知名大渔场——巴伦支海渔场,但这些基本上都是集中在广阔的陆架区域。受后勤保障的制约,我们对北极冰区,特别是中央区的认知非常有限。那么,中央区海水中有什么?冰下会有鱼吗?

实际上,北冰洋中央区由于海冰覆盖阻挡了光线,冰下生物量是很低的。食物少了,自然无法形成大的鱼群。调查显示,冰下有零星的小体型鳕鱼。但目前受升温影响,北极海冰快速消融,海冰消融会导致进入海洋的光线增加,初级生产增加,在这种情况下,中央区的鱼会增加吗?会形成一定规模的鱼群吗?目前并没有定论,需要进一步调查分析。

就目前的认知而言,至少在短期内,北冰洋中央区形成渔场的可能性为0。首先是由于海冰的存在。目前普遍的预测是在21世纪中叶北冰洋夏季会出现无冰,这差不多也要30年的时间。鱼类可以简单地分成底层鱼类和中上层鱼类,我们可以就南北极进行对比。南极的鱼类资源主要为底层的犬牙南极鱼,生活在水深1600米以浅的广阔陆架和陆坡区。而北冰洋中央区主要为4000米左右的深海盆,2000米以浅仅有楚科奇以北的楚科奇海台等小部分区域。从我们的调查中发现,就在白令海峡的南边和北边,白令海北部陆架的渔业资源(鱼、蟹)的数量和品质要比楚科奇海高出不止一个档次,因而就算随着北极的升温,渔业资源会逐渐北移,那离楚科奇海台还远着呢,更何况深海渔业资源主要取决于上层海洋对深层海域的食物供应,深海自身无法产生食物。

那中上层鱼类会不会北移呢?就算到了夏季无冰的阶段,相比南大洋,北冰洋中央区仍有几个不利的因素:(1)纬度高,太阳高度和光线强度不如南极,会影响海域的初级生产;(2)气旋强度和频率不如南极,与深层海水的混合较弱,不利于深层对上层营养盐的补充;(3)北冰

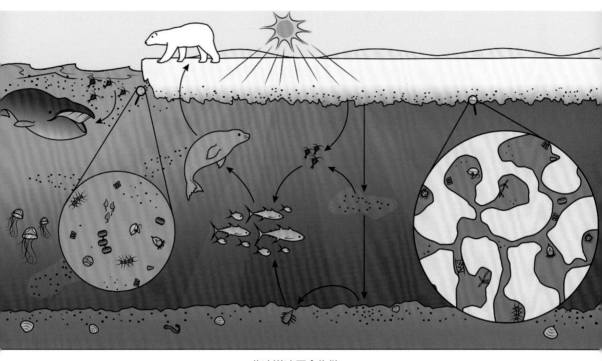

北冰洋冰区食物链

引自 https://askabiologist.asu.edu/vida-congelada

洋中央区像加拿大海盆等海域存在明显的氮限制，也就是说，就算海冰消融和水体中光照增强，海洋的初级生产也不可能有指数级的增长，提供鱼类的食物仍会受到限制；（4）极高的纬度，意味着漫长的极夜期间无法为鱼类提供食物，唯有洄游性种类才可能有大规模的存在。从上述情况判断，我个人认为，短期内北冰洋中央区形成渔场的可能性其实并不大。

为共同加强北冰洋公海渔业资源管理，保护北极海洋生态系统，国际社会推进了一项协定，即《防止中北冰洋不管制公海渔业协定》（CAOFA）。该协定经过 10 年谈判，于 2018 年由加拿大、中国、丹麦、欧盟、冰岛、日本、挪威、俄罗斯、韩国和美国共同共签署。2019年缔约方中的俄罗斯、欧盟、加拿大、日本、美国和韩国陆续批准了该协定。中国已于 2021 年 5 月完成《预防中北冰洋不管制公海渔业协定》的国内核准工作，并期待与其他缔约方共同加强北冰洋公海渔业资源管理，保护北极海洋生态系统。该协定的有效期为16年，每5年进行一次评估。

该协定代表了北极科学和外交领域的一系列"第一"：这是第一个包含非北极国家的北极条约，也是第一个在商业捕鱼开始之前采取具有法律约束力的预防性措施保护的多边协定。它为各国在北极研究和治理方面的合作提供了一个框架，并为其他领域提供了一种"前瞻性"的示范。该协定是北极国家与非北极国家共同签署的首个地区协定，是冷战结束后中国参与缔结的首个北极区域性条约。我国也在积极参加相关的科学会议，参与条约后续的生态监测和渔业资源评估工作。

当前，在《联合国海洋法公约》的基础上，联合国正在推进关于国家管辖范围以外区域海洋生物多样性养护和可持续利用问题（BBNJ）的法律文书制定。该协定以海洋资源、海洋空间利用和海洋活动为对象，涵盖海洋遗传资源获取及其利益分享，包括公海保护区的划区管理工具、海洋环境影响评价、能力建设和海洋技术转让，涉及科技、政策、法律、经济和军事等诸多领域，是当前海洋资源开发与环境管理领域的重大前沿问题。那么，未来，CAOFA和BBNJ的关系会是怎样的？如何保证非北极国家的北极权益？非常值得关注！

北冰洋冰下鳕鱼

08月08日 第六冰站作业

到了第六冰站，一些志愿者也已被培养成了熟练工，人手就不需要像开始时那么多了。本冰站上冰人员中，冰浮标布放6人、生化作业5人、防熊队员3人，加上领队和我共16人。

上午9点10分，冰上作业队出发了。海冰总体还可以，有条冰裂隙，队员用冰浮标的包装箱盖做了一个临时"桥"用以通行。到11点25分，我们已结束作业回到"雪龙"号。

而后是让人记忆犹新的声学试验。原来计划六七个小时的实验，从中午12点08分开始，一直持续到晚上11点35分，整整11个小时。这次实验选择的是在第六冰站布放声学发生器，在"雪龙"号上接收。冰站由一小队队员留守，黄河艇支撑相关工作。"雪龙"号远离冰站，从20千米开外开始试验，由远到近进行接收试验。回想起来，由于这是第一次开展长距离实验，经验上还是有些不足，考虑不够周全。

首先是留守人员非常辛苦。他们在黄河艇上留守，不仅时间上延长了一倍，并且为了确保声学信号不受干扰，关闭了艇上的发动机。这意味着他们实际上是相当于在北极现场环境中待了太长的时间。应该说，科考队员实在了不起。其次，20千米的距离过远，无法与冰站及时沟通，给实验带来不少困难。因为开始时距离过远，我们在船上收不到声学信号，但无法判断是因为声源的问题还是距离的问题。为此，浪费了不少时间。当然，

架设冰厚测量传感器

之前没有相关实验，这个距离的实验是必要的，只是对于要面临的困难考虑得不够周全。好在 15 千米距离的实验收到了信号。

在后续的实验中，受海冰影响，侧舷无法布放接收装置，实验也被迫一度中断。然后是在实验全部完成后，找小艇也花了不少时间。小艇在海上实在是太小了，这么长时间单独行动，确实有些危险。

不过最终的实验结果还是非常成功的，不枉大家为这个实验花费了大量的心血。

黄河艇抵达目标冰站

现场冰芯分样

生物化学组冰上作业

 北极气候和天气受哪些因素影响？

　　南极和北极为什么那么寒冷？为什么有那么多海冰？哪些因素影响北极的气候和天气？就像地球上的其他地区一样，北极的气候和天气取决于许多因素。

1. 北极气候

　　气候是长时间内气象要素和天气现象的平均或统计状态，时间尺度为月、季、年、数年到数百年以上，因而是个长时间尺度的概念，如春夏秋冬，一般不会有大的变化。它与纬度、海拔、地形和气流／海流等有关。

　　北极气候最主要的影响因素是纬度，它决定了光照量和光照时长。南、北极的高纬度决定了它们比地球其他地区获得更少的太阳能量，因而气温会更低。由于地轴是倾斜的，北半球在夏季朝向太阳倾斜，在冬季远离太阳倾斜，而纬度越高，白天和晚上的长度差异越大。以纬度最高的北极点为例，它有半年的连续白天和半年的连续黑夜，也就是我们常说的半年"极昼"和半年"极夜"：太阳在秋分（大约9月21日）

落下后不再露脸，直到下一个春分（大约 3 月 21 日）。春分以后，太阳就在天空中打转转，24 小时不落，直到秋分。太阳在夏至（大约 6 月 21 日）达到最大高度。北极在夏季没有黑夜，传统意义上的晚上 12 点也能见到太阳，因而也被称为"午夜太阳之地"。

除了纬度外，北极气候的另一个显著影响因素是海流。北极地区大部分地区的热量包括来自大气和海洋向极地输送的能量。海洋效应在北大西洋和北欧斯堪的纳维亚半岛最为明显，挪威和斯瓦尔巴群岛等地受大西洋暖流的影响，要比北极同纬度的其他地方温暖得多。同样受大西洋暖流的影响，挪威海和喀拉海等北极圈内海域冬季无冰。与此同时，水有很高的热容量，这意味着改变它的温度需要大量的能量。因而沿海地区气候相对温和，而陆地上的白天和晚上温差较大。

2. 北极天气

天气是一定区域短时段内的大气状态（如冷暖、风雨、干湿、阴晴等）及其变化的总称，因而它是个短时间尺度概念，时间短，变化较大。最常见的是与我们生活密切相关的天气预报，其由多个要素组成。

（1）气压

地面气压或大气压力是由地球上某一点正上方空气柱的重量引起的，因而像山顶这样的高海拔地区，上方空气柱重量较少，其大气压力就比海平面的低。大多数天气图显示的是海平面大气压。大气压力的变化可以显示未来天气会是什么样子：气压下降会带来多云和潮湿的天气，而压力升高则会带来晴朗干燥的天气。

（2）气温

气温是对空气中能量的测量，也是大家在天气预报中最关注的，它可以帮助大家决定穿什么衣服，计划什么活动，出门带什么装备。北极夏季因为极昼而更温暖，7 月的平均气温为 -10 ~ 10℃，某些地区夏季最高温度可达 30℃以上；而冬季因为极夜而更寒冷，1 月的平均气温为 -40 ~ 0℃，冬季大部分地区的最低气温可低至 -50℃以下。

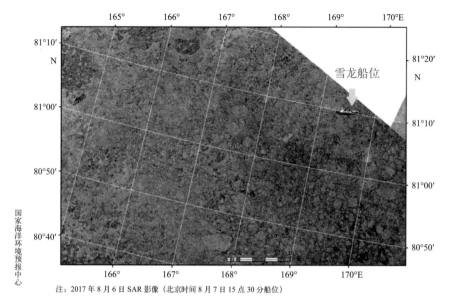

注：2017年8月6日SAR影像（北京时间8月7日15点30分船位）

2017 年 8 月 6 日（船时）SAR 卫星影像

国家海洋环境预报中心

（3）风

风是空气在高压区和低压区之间的运动。高压和低压之间的差异越大，风速就越快。风速和风向也受到其他因素的影响，包括由地球自转引起的科里奥利力和表面摩擦力。北极的风通常较弱，但也可能会出现飓风，并持续数天。俄罗斯北极地区的风往往比加拿大北极地区的强，那里有更多的风暴。

（4）湿度

湿度是指空气中的水蒸气量。当水从陆地和水面蒸发时，空气中的水蒸气量会增加；当水蒸气凝结形成云或增长成为雨滴时，湿度降低。总体而言，北极大气湿度较低，北极某些地方的空气与撒哈拉沙漠中的一样干燥。海洋和沿海地区湿度往往更高，而加拿大北极区等陆地地区的湿度较低。冬天湿度非常低，夏季融冰期大气湿度很高。

（5）云

云由微小的水滴或冰晶构成，空气中的微小海盐、灰尘、烟雾或其他颗粒都可以成为云的凝结核。云对天气和气候的影响包括：云层反射阳光从而减少地表的热吸收，也能阻碍地表热量向高层大气散发。哪一个胜出取决于云的厚度、云的类型、太阳辐射强度和地表反射阳光的比率。就北极而言，夏季多云，此时海冰融化，开阔水域的蒸发增加了空气中的水分，有助于增加云量。冬季海洋被海冰覆盖，云层覆盖范围最小。

（6）降水

降水是从大气中释放至地表的水，可以是雨、雪、冰雹、露水、霜等多种形式。降水是水循环的一部分。它为植物生长提供水源，渗入土壤，汇入河流、湖泊和海洋，并以水蒸气的形式返回大气。北极的大部分地区降水量很低，部分地区的降水量和撒哈拉沙漠一样少。然而，格陵兰岛和斯堪的纳维亚半岛之间的北极大西洋地区是一个例外。

08月09日　新增第七冰站作业

在昨天完成第六冰站后，我们实际上已完成4个重点冰站和两个备选冰站的作业。但由于之前有的冰站因冰况不好，还剩一个国产的温度链浮标没有布放，于是我向领队申请，是否布放这个冰浮标，其他内容不再安排。领队同意了，今天的冰站就成了新增的第七冰站。

一如往常，在早上6点左右上驾驶台选冰。正好来自国家海洋环境预报中心的李春花研究员在进行海冰的人工目测记录，她告诉我说刚刚过去的那块冰不错。冰已到了船尾方向，感觉可以，但前面还有非常大的海冰，就想让"雪龙"号再走一段看看。冰站选择往往是这样，远看很好，但近看就不行了，因为很多细节都显现了，特别是冰表融池很多。最后还是决定回到原来这块海冰附近。李春花还担心是否回头会找不到原来看中的海冰，我说不会。

"雪龙"号回头在选中的海冰块附近停车，等待作业。但在中午饭后，原有水道已被封死，于是选择了"雪龙"号船头左侧的一块海冰进行冰浮标布放。今天气温很低、风很大，是冰站作业以来体感最冷的一天。好在作业比较简单，仅布放一个简易冰浮标。这个冰站由杨清华带队，也是我唯一没有带队上冰的冰站。完成这个新增的冰站后，冰站任务已超额完成，所有携带的冰浮标也已全部布放。

由于没有其他作业团队，这次上冰仅安排了 5 名作业人员加上央视的两名记者。作业时间也很短，从中午 12 点 08 分至下午 1 点 15 分，用了 1 小时多点的时间。

另外，下午 2 点 25 分至 6 点 30 分，考察队依托"雪龙"号完成了两次 CTD 采水作业。

在驾驶台瞭望冰上作业

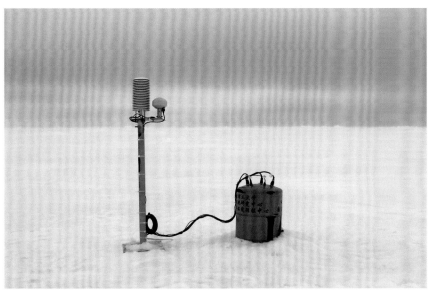

布放完成的冰基温度链浮标（刘健　摄）

吊放黄河艇

每日
一题 **北冰洋越冬漂流考察**

今天完成了增加的冰站作业，本次考察所有的冰站作业就全部结束了。尽管像这样设立短期冰站作业可以获取一定数量的观测和分析数据，但对于了解北冰洋冰区情况是远远不够的。因而，在北冰洋越冬漂流考察就成了最为理想，但难度也是最大的作业形式。

北冰洋漂流最早源于19世纪挪威探险家弗里德乔夫·南森一次堪称奇迹的北极探险。1893年6月24日，南森一行13人乘坐"弗拉姆"号木制帆船从奥斯陆出发，7月21日离开瓦尔德，沿着东北航道向东驶去，但于9月22日在拉普捷夫海被冰层所困。之后，该船一直被困于冰层，并随冰漂流。1895年3月14日，南森根据冰流分析"弗拉姆"号已不可能到达北极点，就和弗雷德里克·约翰森带着皮划艇、雪橇和给养，乘滑雪板冲击北极点。在越过86°N线后，层层叠叠的冰脊阻碍了他们继续向北。4月8日，他们被迫掉头南下，并在8月到达法兰士约瑟夫地群岛（图中绿线）。他们在岛上过冬，杀死熊和海象充饥，用毛皮制衣，并燃烧鲸脂取暖。1896年6月，南森和约翰森在该岛的南端遇到了英国探险家杰克逊，并搭乘他们的船只于8月13日返回挪威。幸运的是，"弗拉姆"号最终脱困，并于8月20日顺利抵达离挪威特罗姆索不远的斯克捷沃。该船目前陈列在奥斯陆弗拉姆博物馆内，大家有机会到挪威奥斯陆的话，建议一定去参观一下。

尽管南森没有到达北极点，但探险队最终结束了"开放极海"理论，证实了穿极海流的存在，发现北极中部的深海盆，获取了第一批来自该海盆的观测数据。该海盆被后人命名为"南森海盆"。

"弗拉姆"号的北冰洋漂流是被迫漂流，之前本书已介绍了俄罗斯的北冰洋依托漂流冰站的科考，而最近国际上组织了一次围绕气候变化研究的多学科越冬漂流冰站计划——"马赛克"计划（MOSAiC）。它也是历史上规模最大的北冰洋中央区越冬漂流考察。漂流路径与"弗拉姆"的漂流轨迹类似，但更靠北。MOSAiC的重点在于对大气、海洋、海冰、生物地球化学和生态系统耦合的气候过程进行直接原位观测。其目标是对认知极少的北冰洋中央区开展为期一年的考察，获得对更好地理解全球气候变化至关重要的关键认知，为减缓和适应气候变化的政策决策以及建立北极可持续发展管理框架提供更强有力的科学依据。该项目总预算超过1.4亿欧元，约9.7亿元人民币。

该项目由德国"极星"号科考破冰船具体承担，从挪威的特罗姆索启航，在拉普捷夫海以北海域建立长期冰站，在北冰洋开展为期一年的漂流越冬考察。有超过500人参与现场考察，其中包括来自20个国家80余所科研机构的300余名研究人员参与，我国共有16人次参与6个航段中的5个航段的考察工作。收集到的数据将共享，以增进对北冰洋中央区气候环境的了解。

"极星"号紧靠着主冰站，并与冰站一起漂流。主冰站在空间上有明确的功能区分：海洋作业区、海冰作业区、大气作业区、水下潜器

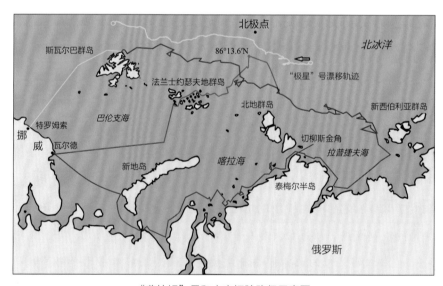

"弗拉姆"号和南森探险路径示意图

引自 https://polarjournal.ch/2020/05/05/fridtjof-nansen-per-drift-durch-die-arktis/

作业区等。各作业区间有"道路相连"，设备和人员通过雪上摩托运输。之所以有明确的划分，是为了保证各自作业的顺畅，不会相互影响，避免不必要的干扰和污染。同时，项目以"极星"号和主冰站为中心，在50千米范围内建立若干小冰站，构建分布式观测网络。小冰站以布设自动观测设备为主，通过卫星传输获取实时连续观测数据。

越冬漂流是一个系统工程，需要极高的后勤支撑能力。整个漂流过程被分为6个航段，每个航段均需要进行物资补给和人员轮换。俄罗斯"费多罗夫院士"号参与了第一航段的人员物资输运和小冰站观测网的构建。"德拉尼岑船长"号参与了第三航段的物资补给和人员轮换。我国的"雪龙"号原计划参与第六航段的物资补给和人员轮换，后因新冠肺炎疫情而取消。德国海洋与极地研究所的固定翼飞机"极地5"号和"极地6"号，也被用于补充中央区的现场航空观测和航段的人员轮换。

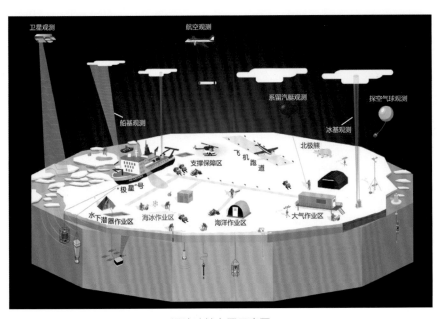

漂流冰站布置示意图
改自德国极地与海洋研究所

我国参与 MOSAiC 第一航段科考的队员

极夜期间的"极星"号和科考队员们

引自 https://mosaic-expedition.org/fresh-food-and-faces-in-the-distant-arctic-ocean/

08 月 10 日　北上中央航道

　　上午的时候，"雪龙"号还基本在无冰的清水区航行，但到了下午就进入了密集冰区。7 点 09 分记录的天气为晴，有薄雾。大片清水区，偶见大块海冰，约 1 成海冰覆盖；航速 10.6 节，气温 −1.8℃，风速高达 17.4 米 / 秒，能见度 5.75 千米。而晚上 9 点 59 分的记录则为：海冰密集度约 8 成，冰厚 1 ~ 1.8 米不等，航速 3.3 节，气温 −1.5℃，风速 11.8 米 / 秒，能见度 18.29 千米。相比天气状况略有变好，但航行难度却在增加。

　　上午 10 点 55 分至中午 12 点 09 分，考察队在罗蒙诺索夫海脊完成一个沉积柱采样站位作业，获取了长 3.5 米的沉积物岩芯。当天完成地形测量 180 千米。

　　下午 3 点，考察队临时党委组织党员在多功能厅听取临时党委书记徐韧讲党课：争做"四个合格"共产党员，确保第八次北极科学考察任务圆满完成。

晚上在密集冰区航行

8月10日6:42（船时）船位及预设穿越路线冰情

考察队集体活动（袁帅　摄）

每日一题 罗蒙诺索夫海脊

"雪龙"号已来到了罗蒙诺索夫海脊附近，并采集了一个沉积物柱状样。这里给大家介绍一下这条北冰洋极为重要的海脊。它不仅是北冰洋欧亚海盆和美亚海盆的分界线，更是环北冰洋国家外大陆架声索的关键依据。

罗蒙诺索夫海脊是北冰洋中部的海底山脉，起自俄罗斯位于北冰洋的新西伯利亚群岛附近，沿 140°E 线通过北冰洋中央区，延伸到加拿大北部的埃尔斯米尔岛东北侧，从而将北冰洋分隔成两大海盆：大西洋一侧的欧亚海盆（含阿蒙森海盆和南森海盆）和太平洋一侧的美亚海盆（含加拿大海盆）。该海脊长1800 千米、宽 60 ~ 200 千米，平均高出洋底3300 ~ 3700 米，最高峰距洋面不足 400 米。海岭坡度较陡，坡度大多超过 13°，在北极点附近可达 30°。

罗蒙诺索夫
引自 https://www.thefamouspeople.com/profiles/
mikhail-lomonosov-7496.php

罗蒙诺索夫海脊于 1948 年由苏联高纬地区考察队发现，并以米哈伊尔·瓦西里耶维奇·罗蒙诺索夫（1711 年 11 月 19 日—1765 年 4 月 15 日）的名字命名。罗蒙诺索夫是俄罗斯的一位博学家、科学家和诗人，对文化、教育和科学做出了重大贡献，创立了物质结构的原子—分子学说，提出了质量守恒定律的雏形，推动了俄罗斯语言的纯洁化。罗蒙诺索夫是俄国科学院的第一个俄国籍院士，同时还是瑞典科学院院士和意大利波伦亚科学院院士，创办了俄国第一个化学实验室和第一所大学——莫斯科罗蒙诺索夫国立大学。

为宣示俄罗斯在北极地区的主权，2007 年 8 月，俄国家杜马副主席阿尔图尔·奇林加罗夫带队对北极进行科学考察，科考队员从北极点下潜至 4000 多米深的海底，并插上了一面钛合金制造的俄罗斯国旗。

该海脊被国际社会所关注，是因为其目前已成为海底主权争议的焦点。2001年12月20日，俄罗斯根据《联合国海洋法公约》，正式向联合国大陆架界限委员会（以下简称"委员会"）提出了外大陆架划界申请，把大陆架领土主张延伸至北极点，诉求面积高达120万平方千米。2002年，委员会既没有否决，也没有同意该方案，只是建议需要更多有关罗蒙诺索夫海岭为欧亚大陆延伸的支撑材料。

2015年8月3日，俄罗斯正式提交了针对北冰洋中央区域的补正申请案。重点更新和完善了北冰洋中央区外大陆架划界所需的相应科考数据。丹麦、加拿大和美国等具有利害关系的北极国家在当年先后就俄罗斯的这一新划界案向委员会提交了评论照会。其中，丹麦和加拿大要求委员会"公平处理"俄罗斯划界案与两国各自在北冰洋划界重叠部分。2021年3月，俄罗斯提交了两份科学证据补遗，并对加克（Gakkel）洋中脊部分提出了新主张。2023年2月，联合国大陆架界限委员会讨论并认可了其大部分的主张，但不包括加克洋中脊相关海域。

2014年，丹麦向委员会提交了一份申明，提出了罗蒙诺索夫海岭周边89.5万平方千米的海底领土主张。鉴于格陵兰北极地区海岸线远少于俄罗斯，而丹麦对北冰洋外大陆架的诉求却很大，丹麦的北极邻国纷纷提交了评论照会。目前，该方案尚无实质性进展。

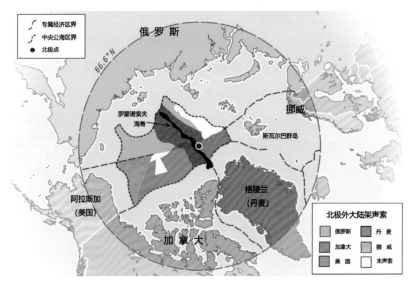

罗蒙诺索夫海脊及环北冰洋国家外大陆架声索区示意图

改自英国杜伦大学 IBRU 边界研究中心、丹麦外交部

08月11日　艰难破冰前行

据航海日志记载，在凌晨3点发现冰山，下午2点也有发现（注：最终统计沿途出现30余座冰山）。而据在驾驶台进行海冰人工观测、来自国家海洋环境预报中心的李春花研究员说，昨天晚上10点左右观测到大量的多年冰，"雪龙"号被阻。

上午是阴天，7点10分观测的结果为：海冰密集度约8成，航速5.7节（最慢2.2节），有见到小型冰山，气温为 −2.3℃；风速15.7米/秒，能见度19.23千米。而晚上11点17分的记录为，晴天，海冰密集度约9成，航速5.0节，气温为 −1.1℃，风速14.8米/秒，能见度16.76千米。没有特别明显的变化。

下午3点是"北极大学"开学典礼及第一讲。"北极大学"是我国北极考察期间利用航渡闲暇时间开设的科普教育课堂，聘请考察队的不同专业人员担任"大学教授"，介绍各自专业的基础知识。授课一方面可以丰富科考队员们的业余生活，增进大家的相互了解，同时可以让科考队员们掌握更多的基础知识。开学典礼上，徐韧校长致辞并颁发聘书。

第一讲由徐韧领队兼首席授课：浅谈对极地业务化工作的认识。他介绍了我国极地考察三十年成果，如：（1）形成了"一船一机五站一基地"战略布局，培养了一支极地科研、后勤保障和考察管理人才队伍，考察制度建设不断加强；（2）开展了几十个学科研究，设立了"南北极环境综合考察与评估"专项；（3）参与极地国际的治理和相关规则制定，已成为极地组织和国际合作项目的重要成员。提出了强化极地

"雾＋冰山"威胁航行安全

业务体系建设、加强极地观测监测网络建设、强化标准质量体系建设、研发极地业务化服务产品和大力发展通信与信息技术等相关建议。

　　在晚上6点的队务会议上，负责气象保障的科考队员通报了继续释放探空气球等走航观测情况。同时，由于早晨开始出现冰山，领队强调了让驾驶员加强瞭望的要求。队上同时计划明天上午沿途设置一个CTD站位进行作业。

该海域存在大量的冰脊冰

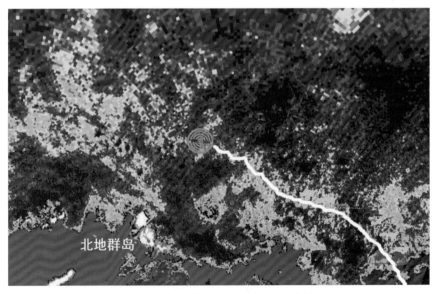

北地群岛

11日午夜"雪龙"号进入了海冰最密集航段

每日一题 两极的冰山有什么不同？

冰山是指从冰川或极地冰盖临海一端断裂落入海中漂浮的大块淡水冰，通常多见于南大洋、北冰洋和大西洋西北部。

冰山大多在春、夏两季形成，升温导致冰川或冰盖边缘发生分裂的速度加快。每年仅从格陵兰西部冰川产生的冰山就有约 1 万座。南极冰盖向海延伸，在有的地方会形成漂浮在海面、连接冰盖本体的冰架，冰架断裂形成的往往是巨型冰山，长的可以延绵数千米。北极冰山多来自格陵兰岛冰盖，但格陵兰岛缺少大型冰架，而是有许多发源自内陆冰原的冰川伸入格陵兰岛沿岸的峡湾，冰川前端断裂脱落形成冰山，所以体型相比南极巨型冰山要小很多。

北冰洋约有冰山 4 万座，它们主要来自北冰洋边缘岛屿上的小型冰原，形状各异。而从北冰洋南下进入北大西洋的冰山则大多数来自格陵兰岛的大陆冰川，体积相对巨大。南大洋上漂浮的冰山超过 20 万座，比北极的更多，体积也更大。冰山外形多为平板状，以桌状冰山最多，顶部很平坦，边缘竖直犹如悬崖，冰色洁白不含杂质，体积巨大，冰山长度通常在 8 千米左右、特大冰山可长达 150 千米，高出海面 30 多米。冰山在海上漂浮、融化和翻转的过程中，会演变成多种形状。

冰山最为现实的危害就是威胁船舶航行安全。最著名的例子就是，1912 年 4 月 14 日午夜时分，当时世界上体积最庞大、内部设施最豪华的 "泰坦尼克" 号大邮船，从英国驶向美国纽约途中，在北大西洋纽芬兰附近海域大浅滩以南 95 千米处撞上冰山而沉没，2224 名船员及乘客中，有 1517 人死亡。冰山由于体量巨大，就算是对现代化的科考破冰船，仍然是个威胁。2018 年我国第 35 次南极考察期间，"雪龙" 号因大雾影响与冰山相撞而被迫调整考察计划。

冰山的长远危害是冰山的增加会导致海平面的上升。海冰长、消源于海水，不会对海平面产生影响。但冰山源于陆地，冰山入海融化等于往海上加了额外的淡水，因而会影响全球海平面。南极冰盖和北极格陵兰冰盖是极地最主要的冰山原产地，加上气温上升导致冰盖自身融化，其稳定性受到了国际社会的极大关注。

但冰山对于极地海洋生态系统而言，则未必是件坏事。有科学研究显示，每座冰山都是一部"移动的产粮机器"。冰山并不像看起来那么纯净，数万年来，它从空气中获得许多矿物质。在冰山融化的过程中，会释放矿物质入海，特别是铁的释放，可以促进海水中浮游植物的快速生长，这些浮游植物又养活了磷虾等浮游动物，而磷虾是海鸟等大型生物的食物来源。所以，在冰山周围会形成一个个小型的高产生态系统。

［注：随着全球变化的加剧，南北极巨型冰山的新闻不断见诸媒体。例如，2020年9月15日有媒体报道，目前北极剩余的最大冰架、位于格陵兰东北部79°N冰川上的一大块冰断裂脱离，脱离面积约110平方千米。2021年5月20日讯，一块巨大的冰块（编号A76）从南极威德尔海冰架上脱落，成为"世界上最大的漂浮冰山"。A76长约170千米，宽25千米，面积约为4320平方千米，是上海市面积（6340.5平方千米）的68%。尽管从科学角度来看，冰架脱裂冰山属于正常事件，但面积通常不会很大，突然崩塌大面积冰山，显然是非正常事件。］

南极巨型冰山

08月12日 继续破冰前行

7点25分记录为晴天，海冰密集度约8～9成，平均冰厚1.5米，冰厚且硬，航速5.6节，气温 −1.1℃，风速14.8米/秒，能见度16.76千米。到了下午2点30分，航速6.5节，气温 −2.6℃，风速10.1米/秒，能见度21.43千米，气温和风速均有所下降，而能见度有所提升。至晚上开始起雾，晚上11点11分的记录为有雾，航速0.4节（停船，艉部作业），温度 −0.7℃，风速2.1米/秒，能见度5.98千米，气温上升，风速明显下降，而受海雾影响能见度很低。

海冰已经比昨天明显减少。尽管在部分区域见到一望无际的大块海冰，但厚度和硬度都比昨天的有所下降，"雪龙"号应该是走过了最为艰难的区域。

有了一定的无冰清水海域，就可以安排科考作业了。早上8点至11点20分，考察队安排了舯部CTD采水作业；中午12点至12点35分，安排了艉部拖网作业；晚上10点10分至凌晨0点05分，"雪龙"号到了一大片清水区，开展了艉部沉积柱采样。

晚上8点调整船时为晚上7点，改用东7区时间。

12日中午"雪龙"号已穿越最艰难的航段（白色箭头所指）

每日一题　北极气候变化对我们有什么影响？

　　我国国土中最北的漠河其纬度是 53°33′N，离北极圈的 66°34′N 有13 个纬距，将近 1500 千米距离。那么北极气候变化对我们会有什么影响呢？非北极国家的北极考察，重点研究内容之一就是，北极变化对中高纬度气候的影响。冬季我们在天气预报中常能听到受西伯利亚冷空气影响，意味着气温就要下降了。而驱动西伯利亚冷空气南下的，是极地涡旋。

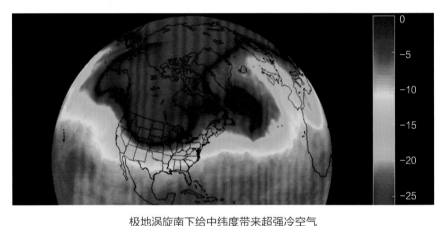

极地涡旋南下给中纬度带来超强冷空气
引自 https://www.sciencealert.com/it-s-official-the-polar-vortex-is-back-with-a-vengeance

　　极地涡旋，简称极涡，位于对流层中上部到平流层之间，是一种大尺度的、持续的气旋性环流，是环绕地球两极的大面积、逆时针方向运动的低压冷空气气流。它总是存在于两极附近，夏季弱而冬季强。在北半球的冬季，极涡会多次扩张，将冷空气随急流向南输送，从而给中纬度地区带来寒冷的气温、降雪和大风。这种情况在冬季时常发生，美国于 1977 年、1982 年、1985 年、1989 年和 2014 年均爆发过这种明显的寒潮。我国在 2008 年也出现了大面积的南方冻雨天气。极涡对人类的唯一危险是，当极涡扩大，将北极空气向南输送到通常不那么冷的地区时，气温会变得很冷。2014 年的寒潮使美国的五大湖几乎完全冻结，这是一个非常罕见的事件。

极涡常可分裂为两个或几个中心。根据极涡中心的分布特点，极涡可分为：（1）绕极型：北半球只有一个极涡中心，位于80°N以北的极点附近；（2）偏心型：在北半球只有一个极涡，但中心位于80°N以南；（3）偶极型：极涡分裂为两个中心，中心分别位于亚洲北部和加拿大，整个北半球高纬度环流呈典型双绕极；（4）多极型：北半球有3个或3个以上极涡中心。其中，绕极型在10月占绝对优势，频率占50%；11—12月偶极型频率占40%～50%，到1—2月偶极型频率接近60%，其平均持续时间也较长，可达11.8天。而偶极型极涡的形成，容易给中纬度地区带来寒潮。

极涡分裂后，通常有两个主要移动方向，一个方向影响北美大陆，另一个方向影响欧亚大陆。亚洲一侧的极涡中心南压到西伯利亚北部，冷空气从西伯利亚源源南下，造成我国大范围持续低温。我国科学家的研究表明，如果欧亚大陆极涡中心强度与北美的接近，我国的持续低温是中等偏强；若较弱或是极涡分裂为3个中心，则持续低温会偏弱。

北冰洋海冰的融化是导致这种变化的主要原因吗？科学研究表明，在过去的15年中，北半球大气的北极放大效应是明显的，但目前还没有就海冰消融的潜在影响达成共识。因为观测到的北冰洋变成无冰海域在大气中获得的能量不足以驱动观测到的急流摆动的变化。这也可能只是一种自然变化，毕竟北美和中亚在过去经历了漫长的冬季寒流。

08月13日 迎来柳暗花明

上午9点56分记录为晴，水面开阔，海冰4～5成；气温-3.2℃，风速0.0米/秒，能见度20.41千米。从船上航行动态信息来看，我们将迎来一个大面积的低海冰密集度的海域，后续航行应该更为顺利，真有一种苦尽甘来的感慨。

中午12点55分至下午2点55分，考察队完成一个站位的CTD作业，晚上7点进行了艉部拖网作业。

今天拨钟，晚上 8 点拨至晚上 7 点，改为东 6 区时间，与国内时差为 2 小时。

8 月 13 日 9:56 "雪龙"号船位

"晚上"雾中漫步

北冰洋会成为一个无冰的海洋吗？

北极海冰冬天生长、夏天消融，周而复始。在极地，太阳入射角很小，太阳光照射的能量被大幅度衰减，使极地受"热"很少，所以气温相对其他低纬度地区要低。冬季北极会进入漫长的"极夜"，北冰洋的海水进入结冰期，海冰变厚；直至第二年春天，重见阳光，气温变暖，海冰开始消融。融化一直持续到9月，然后重新转入结冰期。

一路走来，确实没有想到，中央区的海冰比想象的要少很多。现场冰情是对"夏季无冰"预测的一种验证。有多个报道显示，北极点海冰厚度普遍不超过两米，这在之前是完全不可想象的。北极的升温速率是全球平均的两倍以上，海冰减少属于正常现象。在地球漫长的演化历史中，北冰洋还曾经是一个"温暖的淡水湖泊"呢。有报道说，随着升温的持续，北冰洋海冰即将融化殆尽。因相关的表述容易被误解，在这里想澄清几个问题。

（1）北冰洋无冰是指夏季无冰，不是一年四季都无冰。就算气温进一步上升，北冰洋在冬季还是会被海冰所覆盖。而夏季无冰，也不是我们理解的一点冰都没有，而是少于1成冰，也就是90%以上的区域没有海冰，被海冰覆盖的海域面积不足10%。在这种情况下，通过卫星遥感很难发现海冰的存在，所以定义为"无冰"。

（2）北冰洋夏季海冰快速消融描述的是每年夏季海冰最小覆盖范围的变化趋势，并不意味着是持续下降的过程，而是呈波动下降的趋势，所以某一年比上一年度的年海冰最小覆盖范围要大的情况是存在的。有卫星遥感观测记录以来，北冰洋的最小海冰覆盖面积出现在2012年9月，为357万平方千米。虽然当时很多人都认为，夏季海冰覆盖面积会迅速下降，无冰的时代很快就会来临，但实际上这种情况并没有出现。

（3）夏季无冰是通过计算机模拟做出来的，但每个模型的结果并不一致，或者说，不同模型的结果存在较大的差别。目前较为普遍的看法是到21世纪中叶，北冰洋才会出现夏季无冰的情况。

（4）每年夏季海冰的分布，除海冰融化因素外，也跟大气环流有关，所以体现海冰变化的还有一个更为精确的参数——海冰储量。储量除了面积外，还涉及厚度。受北极地区升温影响，海冰的平均厚度每年都在下降，导致海冰储量也在不断下降。

北冰洋夏季无冰会造成怎样的影响呢？可能有以下几个方面。

（1）环境领域：加速北极升温。北极海冰反射了高达80%的入射阳光，而一旦海冰融化，无冰海域会吸收绝大部分太阳光热量。海洋吸收更多的热量会导致秋季排放更多的热量到大气，增加大气的温度。秋季海冰结冰期延期，降低冬季形成海冰的厚度，从而使海冰在来年春季更容易消融。

（2）生态领域：对生态系统的影响会比较明显。初级生产大概率会增加，使北冰洋的生物更为丰富。亚北极种类会北迁，占领原有北极种类的生存场所。北极熊等依托海冰作为栖息地的大型动物可能会丧失关键的觅食场所，对其生存带来负面影响。

（3）经济领域：北极航道利用更为便捷，利用成本显著下降，北极中央航道开通使用。例如，陆架油气开采和外运成本下降；北极旅游业进一步繁荣。但北极利用也会造成环境压力的大增。

夏季无冰同样会对军事、原住民生活和北冰洋中央区国际治理等各方面产生影响。

另外，对于海冰融化对全球海平面的影响，目前在网络上也有些错误的表述。需要说明的是，海冰融化本身并不会影响海平面，只有在陆地上的冰盖和冰川，其融化水流入海洋后，才会导致海平面的上升。当然，海洋升温会导致其体积膨胀，也会导致海平面上升。

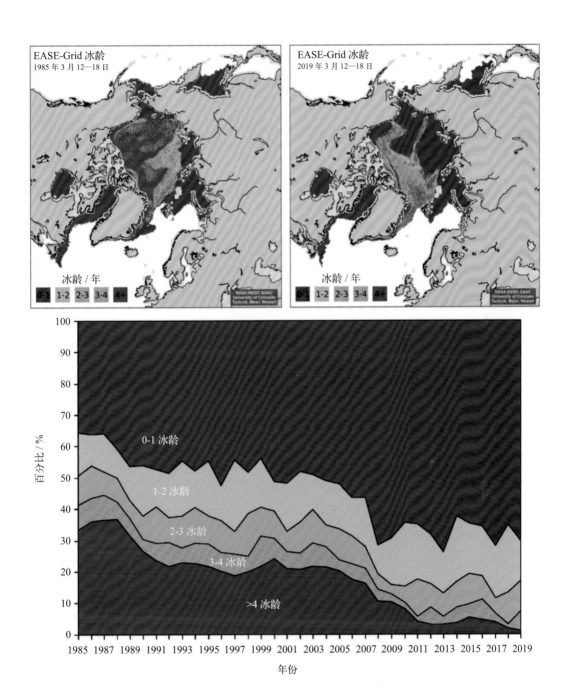

北极多年冰持续减少

改自 https://insideclimatenews.org/infographics/maps-arctics-multi-year-sea-ice-disappearing/

08 月 14 日　冰区航行与作业

凌晨 0 点 45 分记录为阴，有雾，有大片浮冰，海冰约 5 成；航速 6.7 节，气温 −3.2℃，风速 0.0 米／秒，能见度 20.41 千米。下午 4 点 52 分记录为阴，海冰约 4 成；航速 7.7 节，气温 −1.8℃，风速 10.9 米／秒，能见度 19.74 千米。相比海冰略有减少，气温上升，但风速明显增大。

上午 10 点 40 分至下午 2 点 10 分，考察队完成 CTD 作业。下午 2 点 28 分至 3 点 07 分，完成艉部拖网作业。

今晚 8 点 30 分船时调整为晚上 7 点 30 分，改为东 5 区时间，与国内的时差为 3 个小时，此时国内时间为晚上 10 点 30 分。由于纬度高，经线间的距离比低纬度的短多了，船位实际已在东 4 区，我们拨钟反而跟不上了。

沿途出现了大片开阔海域

"雪龙"号在冰区航行

 北极航道利用对环境有哪些影响?

北极海冰越少,船只变得越容易进入,旅游船和商船正在逐渐增加。北极海冰减少这一情况,在过去几年中导致了一系列活动,例如,作为北冰洋沿岸国的俄罗斯、加拿大和丹麦都通过大范围的海底测绘,来证明北冰洋中央区的罗蒙诺索夫海岭是其大陆架的延伸;2020 年当地时间 11 月 3 日,全世界最大的柴电动力破冰船"维克托·切尔诺梅尔金"号在俄罗斯圣彼得堡服役,而到 2030 年,俄罗斯将拥有 10 艘新的破冰船。人们开始担心该地区潜在的气候和生态威胁与风险。这种威胁需通过对高风险区域的细致规划和有效管理来有效缓解。

从环境的角度而言,北极海运会对当地海洋生态系统带来威胁。事故或非法排放导致燃油入海,是北极航运活动对环境最为显著的威胁。一方面,冰区溢油后,由于海冰的存在,无法通过无冰海域围网等传统方式加以清理;海水(海冰)的运动会把污染扩散到其他海域;与此同时,由于低温,微生物对油料的降解不如高温海域来得快。所有的这些因素,决定了在北极冰区的溢油,对生态系统的影响将是灾难性的。

北极地区的某些海域具有高度的生态意义，其中许多海域将面临当前和/或增加航运的风险。其中许多地区位于地理限制性位置或瓶颈，也有大量的航运活动，如白令海峡、哈得孙海峡、兰开斯特海峡、佩乔拉海和卡拉港。这些区域的生态系统最容易受到海运增加的威胁。

迁徙的海洋哺乳动物，如弓头鲸、白鲸、一角鲸和海象，在海冰的南部有越冬区，春季迁徙进入北极，许多海鸟在春季也会迁徙进入北极。这些迁徙走廊大致与当前的主要航运路线相对应，并穿过地理上的瓶颈区域。海运对这些区域环境的影响，会影响相关的鸟类和哺乳类。另外，在航运路线与海洋哺乳动物季节性迁徙和聚集区重合的海域，同样存在船只可能撞击鲸和其他海洋哺乳动物的风险。

航运的增加会提高将微小型海洋物种通过压舱水排放等途径引入北极海洋环境的风险。而在纬度和条件相似的生态系统中，海洋生物物种由于很容易在类似的环境中生存，转移的风险最大。因而，未来特别值得关注的是，海洋生物从北太平洋跨越北冰洋转移到北大西洋，或者反之亦然。

北极航运排放的黑碳，沉降在海冰表面，会增强海冰对光线和热量的吸收，可能会加速冰融化，从而对区域产生重大影响。船舶燃油产生的温室气体、氮氧化物、硫氧化物和颗粒物排放，可能会对北极环境产生负面影响，并将随着航运活动的增加在北极地区成比例增加。

声音对海洋哺乳动物的交流沟通具有至关重要的生物学意义，航运和其他船只活动产生的人为噪声可能对北极物种产生各种不利影响。白令海和巴伦支海是北极和亚北极地区最大的渔场，而这两个海域也是北极地区目前航运量最大的地区。石油或其他有害和有毒物质在这些地区的潜在意外泄漏可能会产生巨大的经济、社会和环境影响。

当然，西方一些航运企业已经以环境保护为由声明停止对北极航道的利用。这里不仅仅是对环境保护的考虑，更多的是出于商业成本和国家战略的考虑。北极航道是我国潜在的战略通道，因而需要加强对航道利用研究，通过建立监测体系、划定重点海域、提前发出预警等措施，确保在航道利用的同时，能够最大限度地保护当地的生态环境。

"雪龙"号参与的船队穿越东北航道（中国第五次北极科学考察期间）

08 月 15 日　进入最密集冰区

　　早晨 6 点 42 分记录为阴，大水潭内 N07 站位作业，远处可以见到海冰；航速 0.4 节（船漂移速度），气温 −2.3℃，风速 6.7 米 / 秒，能见度 18.99 千米。下午 4 点 37 分记录 3 海里长的大水潭，航速 5.1 节，气温 −0.9℃，风速 4.5 米 / 秒，能见度 3.59 千米。晚上 11 点 49 分记录为雪，航速 6.2 节，气温 −0.5℃，风速 3.4 米 / 秒，能见度 2.69 千米。海冰显著减少，航速增加，能见度明显下降。

　　凌晨 4 点 25 分至早上 7 点 19 分，考察队完成艉部沉积柱采样，7 点 25 分至 12 点 18 分完成艏部两次 CTD 采水作业，12 点 20 分至下午 1 点完成艉部拖网作业。整个作业均在一个巨大的清水潭内进行，只有在远处能见到海冰。走着走着，"雪龙"号告别了水潭，逐渐进入了冰图中深紫色区域。

通过卫星遥感获得的冰图可以很好地了解海冰的分布情况。但有个缺点，就是它反映的是海冰密集度，也就是海表面被海冰覆盖的程度，但无法反演海冰的厚度。深紫色区域海冰密集度是100%，也就是海洋表面全部被海冰所覆盖。但幸运的是，"雪龙"号进入的这片海域，尽管海冰密集度是100%，但海冰并不厚。

今晚8点船时调整为晚上7点，改用东4区时间，比国内晚4个小时，即国内早上8点上班时，船时为凌晨4点。

8月15日6:42（作业）和23:49船位

每日一题　斯瓦尔巴群岛条约

船越往前航行，距离中国北极黄河站所在的斯瓦尔巴群岛更近了。

斯瓦尔巴，意为寒冷海岸。该群岛位于巴伦支海和格陵兰海之间，由西斯匹次卑尔根岛、东北地岛、埃季岛、巴伦支岛等组成。岛上多山地，多峡湾。受大西洋暖流的影响，该地区比同纬度地区的气候环境更加温和。景色优美，存在峻峭的山崖、大面积山地冰川、苔原植被，以及北极狐、驯鹿、北极熊等大量生物，是北极旅游目的地之一。煤炭资源丰富，历史上曾有不少煤矿，从环境保护考虑，目前仅剩首府朗伊尔城有一个煤矿，供该地居民区的发电之用，其他煤矿均已关闭。斯瓦尔巴群岛是最接近北极点的可居住地区之一，总面积约 6.2 万平方千米，有居民约 3000 人。

该地区主权归属挪威，但与纯粹的挪威领土不同，它受《斯瓦尔巴群岛条约》管辖。与挪威本土和扬马延岛不同的是，该地区属于自由经济区和非军事区，不属于申根区和欧洲经济区。1920 年，挪威、美国、英国、爱尔兰、丹麦、法国、意大利、日本、荷兰、英国海外殖民地和瑞典在巴黎签署了《斯匹次卑尔根群岛条约》（即后来的《斯瓦尔巴条约》，以下简称《斯约》），规定挪威对斯匹次卑尔根群岛"具有充分和完全的主权"，但各缔约国的公民可以自由进入，在遵守挪威法律的前提下从事正当的生产和商业以及科学考察等活动。该条约于 1925 年 8 月 14 日生效，同年挪威把斯匹次卑尔根群岛与熊岛等岛屿合称斯瓦尔巴群岛，并行使管辖权。1925 年，时任中国北洋政府国务总理的段祺瑞，派遣特使在法国巴黎代表中国政府签署了该条约。目前该条约共有 46 个缔约国。该协议长期有效，赋予缔约国公民在岛上开展科学考察和资源开发的权力。我国于 2004 年 7 月在该群岛新奥尔松地区建立了中国北极黄河站，开展北极科学考察工作。

其实，直到第一次世界大战结束之前，斯瓦尔巴群岛都一直被认为是"无主之地"。由于对鲸类脂肪和海豹毛皮的需求，几个世纪以来，来自荷兰、英国和斯堪的纳维亚王国的船队在夏季都曾来到过这里。然而，捕鲸船队之间争夺该群岛控制权的竞争只限于夏季，该群岛在其历史上的大部分时间里都没有人类活动。20世纪初，当采矿业在群岛上出现时，就开始需要一个永久性的国家政权来管理相关活动。第一次世界大战结束后，由于英国在战争中扮演了中立盟友的角色，挪威被视为这些岛屿的合适管理者。因此，作为战后凡尔赛谈判的一部分，斯瓦尔巴群岛成为挪威的一部分。

《斯约》在当时是独一无二的，因为存在不歧视条款。该条款规定，在承认挪威对该群岛拥有主权的前提下，各签约国对该群岛自然资源的开采权根据挪威法律是平等的。该条约还明确规定，该群岛不能用于军事目的，并宣布需要严格的环境保护。

但正是这一不歧视条款的存在，挪威认为不利于它对该地区的管控。因而长期以来，一直在通过多种手段，逐步加强对该区域的实质性管控。一方面，模糊《斯约》的界限，如《斯约》赋予缔约国在该地区开展科考的权利，但挪威同样给予非缔约国韩国在该地区的科考权利，韩国在我国北极黄河站边上也建有韩国北极茶山科考站。挪威还以环境保护的名义，把群岛65%的区域设为国家公园，变相限制缔约国的活动，从而削弱签约国在全域范围活动的权益。与此同时，变相限制各国在该地区的科考活动，例如，（1）加强新奥尔松等考察平台的建设，变相把缔约国的现场科考活动集中到有限的区域范围；（2）以强化对科考项目的管理为名，通过合并同类项使签约国的不少科考项目无法获得通过；（3）强化挪威对科考项目的管理，建立科考项目注册和审批制度，审批权从由多国代表组成的新奥尔松管理委员会转移到挪威极地研究所。

另外，由于《斯约》签订时还只有领海，而没有200海里专属经济区的概念，因而签约国对于《联合国海洋法公约》是否适用于斯瓦尔巴群岛产生了歧义。一般认为，斯瓦尔巴群岛并不存在200海里专属经济

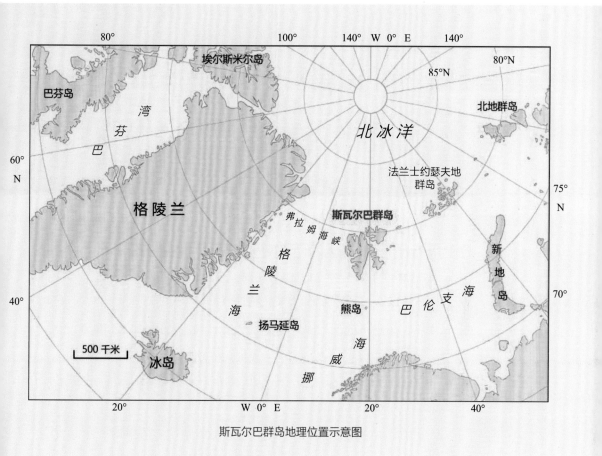

斯瓦尔巴群岛地理位置示意图

区，但挪威为了加强对群岛周边海域的管理，于 1977 年单方面在群岛周边建立了 200 海里渔业保护区。

网上常能见到一些不符合实际情况的表述，如赋予所有中国公民自由进出该地、无需签证即可在岛上从事任何非军事活动之权利。尽管字面上是这样，但实际上根本不可能实施。很简单，你总不可能自己驾艘帆船漂洋过海、带上干粮和帐篷去那里生活吧，所以吃住行怎能不用他国签证。该地区是挪威在行使主权管理，挪威的法律同样适用于该地区，怎么可能想从事什么活动就可以从事什么活动。这就是理想和现实之间的差距。

海面出现大量脂冰

08月16日　进入斯瓦尔巴群岛渔业保护区

早上 5 点 29 分记录为阴雪，航速 0.6 节（N08 站位作业），气温 –1.1℃，风速 5.7 米 / 秒，能见度 2.53 千米。晚上 11 点 19 分记录为大雪，海冰覆盖率约 5 成，空隙全是脂冰，冰厚约 1.2 米；航速 6.5 节，气温 –0.7℃，风速 0.0 米 / 秒，能见度 1.70 千米。随着不断向南航行和纬度的降低，海冰已不可能成为"雪龙"号穿越中央航道的障碍。

早上 5 点 10 分至下午 1 点考察队在 N08 站位完成舯部 3 次 CTD 采水作业，这也是本次中央航道穿越在公海区的最后一个站位。

今晚 8 点船时调整为晚上 7 点，改用东 3 区时间，比国内晚 5 个小时。

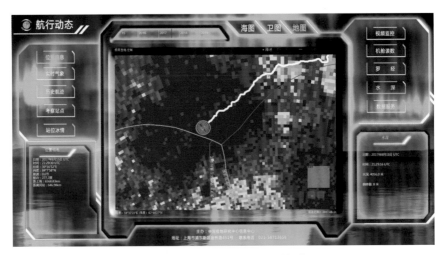

8 月 16 日 5:29 N08 站作业时船位

每日一题 斯瓦尔巴群岛渔业保护区

斯瓦尔巴群岛周围 200 海里的渔业保护区由挪威政府于 1977 年设立，但一直存在国际争端。出现争端的原因是对《斯约》管理范围的不同理解，周边海域甚至因此出现过紧张局势。《斯约》第 1 条规定："缔约国承认挪威对斯瓦尔巴群岛具有充分和完全的主权"，而第 2 ~ 6 条则分别将该群岛陆地及"领海"（Territorial Waters）的捕鱼、狩猎、通行、通信及科学考察权平等赋予各缔约国。由于该条约没有明确具体的管辖范围，为后续解读该条约对斯瓦尔巴群岛周边海域的适用范围留下了隐患。

《斯约》制定时全球海域还没有得到很好的界定，大部分海洋被划为"公海"。而对全球海域有精确表述则要等到 60 多年后的《联合国海洋法公约》。于 1982 年 12 月 10 日在牙买加蒙特哥湾召开的第三次联合国海洋法会议上通过的《联合国海洋法公约》，于 1994 年 11 月 16 日生效，已获 160 多个国家及欧盟批准。该公约对领海、大陆架、专属经济区等有明确的界定，并规定一国可对距其海岸线 200 海里（约 370 千米）的海域拥有经济专属权。

对挪威在斯瓦尔巴群岛建立专属经济区的权利合法性及《斯约》的适用范围，国际法学者有 3 种不同的观点。俄罗斯的观点是挪威无权单方面建立专属经济区，挪威的观点是有权建立专属经济区并且《斯约》不适用该水域，而大多数缔约国的观点是挪威有权建立专属经济区且《斯约》适用该水域。为避免争端激化，挪威选择性地于 1977 年 6 月 3 日发布《斯瓦尔巴渔业保护区条例》，仅在斯瓦尔巴群岛周边水域建立有别于专属经济区的渔业保护区。

对于渔业保护区，挪威认为《斯约》仅适用于斯瓦尔巴群岛的陆地领土、内水和领海，挪威对渔业保护区拥有专属权利，只有其可以捕鱼。俄罗斯则认为，由于《斯约》的限制，挪威不能在条约规定的领海以外海域行使主权权利和管辖权。因此，挪威既不能单方面建立渔业保护区，也不能行使立法和执法管辖权。领海以外的斯瓦尔巴群岛周围海域将受《联合国海洋法公约》公海制度管辖，所有国家都将享有捕鱼自由。并认为，与其在挪威的立法程序内建立保护区，不如通过承认《斯约》的多边程序在斯瓦尔巴领海以外建立保护区。而其他缔约国则在不同程度上接受了中间模式，即挪威拥有对斯瓦尔巴群岛的全部主权及其对该群岛周围海域的管辖权，但这些海域同样适用《斯约》条款。这允许缔约方以牺牲沿海国管辖权为代价，实现对渔业保护区的捕鱼权利。

对于渔业资源争端，国际上有较好解决的范例。例如，通过成立联合渔业委员会，俄罗斯和挪威在巴伦支地区的渔业问题上建立了合作伙伴关系，这使两国能够受益于商定的捕捞配额、允许的最小鱼类大小，以及卫星监测，以更好地加强整个巴伦支地区的渔业管理。

由于斯瓦尔巴群岛的海洋资源极其丰富，许多国家试图在渔业保护区内捕鱼。然而现实状况是，挪威没能独享该海域的渔业资源，它同时允许俄罗斯、冰岛及欧盟部分成员国等少数国家在渔业保护区内从事渔业捕捞活动，大部分缔约国则被排除在外。即便如此，也不能阻止所有争议的发生，尤其是在斯瓦尔巴群岛渔业保护区的灰色地带。例如，挪威海岸警卫队在1998年扣押了一艘俄罗斯拖网渔船，3年后又逮捕了另一艘俄罗斯拖网渔船，引发了两国之间的外交争端。2002年，俄罗斯海军驱逐舰"塞维罗莫斯克"号驶入斯瓦尔巴群岛渔业保护区，两国之间的紧张局势进一步加剧。

N08 站位 CTD 作业

斯瓦尔巴群岛渔业保护区缺乏国际公认的解决方案，这种情况不应继续下去。须在《斯约》框架下达成具体的补充协议，而不是依靠个别国家间的协商来解决未来潜在的争端。协议同时要考虑气候变暖背景下，鱼类资源北移等可能出现的复杂情况，以防止未来发生争端的可能性。

08 月 17 日 进入低海冰密集区

上午 8 点至 10 点 40 分停船，考察队进行"雪龙"号机舱维修保养。机舱维修保养的船员真的不容易，尽管外面气温还在零下，但机舱里却是高温。两个多小时的时间，船员们只穿了单层的工作服还是热得汗流浃背。

中午 12 点 12 分的记录为大雪，海冰覆盖率六七成，多冰表融池。航速 6.0 节，气温 −1.1℃，风速 4.8 米/秒，能见度 0.9 千米。晚上开始转晴，晚上 9 点 32 分"雪龙"号已到冰区边缘，约 2 成海冰，航速 10.3 节，气温 −2.6℃，风速 10.1 米/秒，能见度 9.9 千米。之后"雪龙"号在无冰区或零星海冰区航行。

今晚 8 点船时调整为晚上 7 点，改用东 2 区时间，比国内晚 6 个小时。

船上聚餐

每日一题 北极航道利用与挑战

北极航道是指穿越北冰洋，连接大西洋和太平洋的海上航道，主要包括穿越欧亚大陆北冰洋近海的东北航道和穿越加拿大北极群岛的西北航道。近年来，由于夏季北冰洋海冰消融加快，穿越北极点附近高纬海域的潜在中央航道也逐渐进入了人们的视野。3条航道都不是严格意义上的固定航线，而是根据冰情可以选择的多条航线的总称。

东北航道是指西起挪威北角附近的欧洲西北部，经欧亚大陆和西伯利亚的北部沿海，穿过白令海峡到达太平洋的多条海上航线的总称；西北航道是经北美北部沿海，穿过加拿大北极群岛海域，连接太平洋和大西洋的多条航线的总称。"北方海航道"则是俄罗斯（苏联）对其北方国内输运航线的总称，西起新地岛南端的喀拉海峡，东至白令海峡，因而国际上比较一致的观点认为，北方海航道是东北航道最为重要的部分，但需要加入巴伦支海，才构成完整的东北航道。

东北航道的探索最早源于16世纪由商业驱动的探险活动，西欧殖民国家为了打破西班牙和葡萄牙的航道垄断，开始探索进入东亚地区新的贸易路线。因这条"假想"的航道位于西欧东北方，故名"东北航道"。该航道于1878—1879年由瑞典人诺邓舍尔德驾驶"维嘉"号完成由西向东的首次穿越。而穿越西北航道则要晚于东北航道。挪威探险家罗尔德·阿蒙森驾驶"约阿"轮于1903—1906年首次成功穿越西北航道。之后，尽管许多国家探寻使用北极航道，俄罗斯（苏联）也两度开放和推介东北航道，但由于冰情恶劣、航行安全系数低、航运成本高、需强制引航等多种因素的制约，航道实际上并不具备商业航运价值。直到近年来北极夏季海冰因北极升温而迅速减少，导致航道商业契机的出现。2009年7月，德国布鲁格航运公司的两艘非破冰货船"布鲁格友爱"号和"布鲁格远见"号从韩国装货出发，向北航行通过往年因冰封无法通航的北冰洋"东北航道"，抵达荷兰鹿特丹港，在一定程度上宣告了一条新商业航道的诞生。

中央航道，又名穿极航道，是北极海冰快速消融背景下出现的新名词，因而目前国际上尚未有权威定义，通常是指东起白令海峡，经楚科奇海、地理北极点附近的北冰洋中心区域，西止挪威斯瓦尔巴群岛附近海域的若干海上航线的总称。中央航道是相对于东北航道和西北航道而言的一条中间航道，大致位于东北航道水域的北侧，航运功能和走向接近东北航道，可视为东北航道的替代航线。因为利用东北航道的商业活动主要集中在由巴伦支海、喀拉海、拉普捷夫海、东西伯利亚海和楚科奇海组成的边缘海，所以经北冰洋海盆区边缘岛屿：斯瓦尔巴群岛、法兰士约瑟夫地群岛、北地群岛、新西伯利亚群岛和弗兰格尔岛组成的岛链以北海域的航道常被称为中央航道；但若认定俄罗斯北方海航道是东北航道的重要组成部分，由于北方海航道认定范围为其北方岸线毗邻的内水、领海（领水）或专属经济区，则中央航道实际上是指东起白令海峡，经楚科奇海、北冰洋公海海域，西至挪威斯瓦尔巴群岛附近海域的航线总称。

如果以白令海峡和挪威斯瓦尔巴群岛西侧弗拉姆海峡的北端为起止点，中央航道全长最短约 2300 海里，比东北航道最短少约 400 海里，为三条北极航道中航程最短的一条。以从东亚至西欧的海洋运输为例，经过苏伊士运河的传统航程为 1.0 万 ~ 1.1 万海里，利用东北航道可缩减航程约 27% ~ 30%，利用中央航道将缩减航程约 35%。"中央航道"一旦形成，其区位优势以及经济成本和时间成本优势将更加凸显。

就现阶段通航情况来看，中央航道靠近美洲大陆一侧多年冰常年聚集，目前不具备通航条件；而靠近欧亚大陆一侧则海冰状况较轻，与东北航道类似，即使冬季也多为当年冰。但由于中央航道夏季的海冰出没远较东北航道频繁，自然条件相对较差，对船舶的要求也较高；同时走向与东北航道基本一致，距俄罗斯岸线又较远，航道沿岸国的需求较小，鲜有商船尝试。

中央航道短时间内不具备规模化通航的条件，但与东北航道和西北航道的国际法地位存在较大争议截然不同，其公海的国际法地位是明確的，法律争议较少，地缘政治因素干扰也较小。与此同时，由于近年来北极增温导致夏季海冰覆盖面积迅速减少、海冰整体厚度不断减薄，使中央航道部分区域夏季已出现了海冰密集度较低甚至无冰。国际社会普遍预测认为，随着北极地区的持续增温和海冰消退，北冰洋将在21世纪中叶前后出现大部分海域夏季无冰的状态。如果未来北冰洋海冰继续向加拿大一侧退缩，中央航道成为国际航道可以预期。因而中央航道的开拓和利用应成为我国参与北极事务、扩大影响力的战略立足点之一。

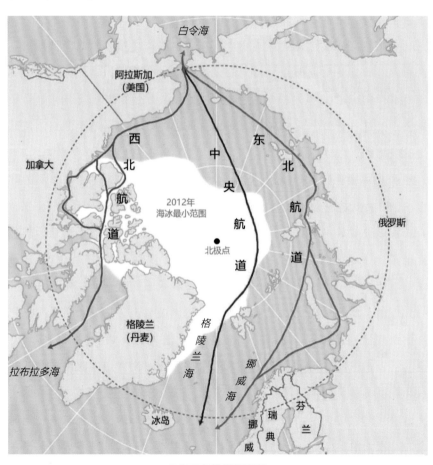

北极三条航道示意图

引自 https://www.willemsplanet.com/2014/01/15/wednesday-the-arctic-passage/

08月18日　完成中央航道穿越

下午 4 点 17 分，航速 15.9 节，距我国的北极黄河站直线距离为 121.3 千米。气温 0.6℃，风速 8.8 米/秒，能见度 9.4 千米。我国北极黄河站所在的斯匹次卑尔根群岛清晰可见，不少考察队员都集中到左舷来目睹该群岛的风采。

晚上 8 点船时调整为晚上 7 点，改用东 1 区时间，比国内晚 7 个小时，即国内早上 8 点上班时，船时为凌晨 1 点。

远眺斯瓦尔巴群岛

8 月 18 日 16:17 "雪龙"号船位

首次成功公海穿越北冰洋中央航道

2017年8月2日至8月16日，历时14天，"雪龙"号历史性地从俄罗斯200海里专属经济区外的北冰洋公海区完成中央航道穿越，这也是我国船舶首次完整穿越中央航道，不仅增进了对北极高纬海域的新认知，同时为利用北极积累了珍贵的环境数据和航行经验。

通过历次北极考察，我们已对北冰洋中央海域环境有了一个基本的认识，如海冰消融显著、多海雾天气等，本次中央航道穿越，增进了不少新的认知。例如，（1）海冰没有预期的厚实。就全程而言，84°N以南冰厚集中在1～1.5米，84°N以北海冰厚度集中在1.5～2米，观测到的最大冰厚约4米，特别是在后半程，除了罗蒙诺索夫海岭附近海冰对"雪龙"号航行造成较大阻碍外，其他航段基本没有影响。而在后半段存在大面积的冰间水道（海冰覆盖区中具有一定规模的无冰水域），着实出乎我们的意料。由于北极地区的升温是全球平均升温的2～3倍，北极环境呈现快速变化趋势，这也体现在海冰的变化上。最新预测显示到21世纪中叶将出现夏季无冰的状态，可以预见，未来在中央航道的航行将更为便捷。（2）后半段有小型冰山。我也曾参加过中国第3～5次北极科学考察，由于调查区域均集中在北冰洋太平洋一侧，因而是见不到冰山的。但这次的考察表明，要穿越中央航道，在大西洋一侧会有一些小型冰山。尽管这些冰山体型较小，但仍存在航行安全威胁，需要特别注意。（3）不能仅通过海冰密集度图来判断航行的难易。由于海冰的分布状况可通过卫星遥感等方式获取，海冰密集度图成为我们北极科考航行路径选择的主要参考依据。因"雪龙"号自身是破冰船，有冰是没有问题的，其航行的主要障碍是冰厚过大。目前对冰厚的预测尚有一些困难，即便有，也是冰厚的大致分布，无法涉及航行过程中会遇到由海冰堆积形成的冰脊等这样的细节，相关技术需要进一步加以改进和提高。

穿越中央航道期间，考察队进行了多学科考察，获取了一批宝贵的数据资料：完成 7 个短期冰站调查，共布放了 3 套海冰物质平衡浮标、5 套海冰温度链浮标、1 套海冰漂移浮标和 1 台漂移自动气象站，相关的雪冰温度、雪冰厚度、冰面温/湿、冰下海水叶绿素及溶解氧浓度和海冰 GPS 位置，以及冰面 2 米和 4 米高度的气温、湿度、风速、表面气压和太阳辐射通量等观测数据通过卫星实时传输回国内。同时，采集了 80 余根冰芯样品，总长超过 100 米，进行海冰温度、盐度、营养盐、叶绿素等理化参数和生物多样性分析。

与此同时，开展了全程走航和定点海洋站位调查，共获取了 531 条海冰人工观测记录和冰区全程海冰厚度电磁感应记录，释放探空气球30 个，完成了 8 个站位的 CTD 温盐剖面和水样采集、10 次 LADCP海洋流速流向剖面数据采集、3 个站位沉积柱状样采集、4 次尾部生物和微塑料拖网。穿越期间同时择机完成了 618 千米的海底地形地貌数据采集。

弗拉姆海峡的夕阳

穿越北冰洋Ⅱ

——中国第八次北极科学考察中央航道和西北航道穿越纪实

第 三 篇

重返北欧海

北欧海是格陵兰海、挪威海和冰岛海的总称，我国曾在 2012 年第五次北极科学考察期间在北欧海公海区设立了两个调查断面。本次考察原计划用时两天，完成北欧海其中一条断面的调查，另一条作为备选。但实际上，由于走了中央航道，并没有专程前往高纬海域进行冰站考察，而是在西北航行途中完成了冰站作业，因而总体上节省了时间。本次北欧海调查，共用了 4 天左右的时间，完成了两条断面全部 14 个站位的调查，其中还包括用了约 19 个小时，完成了一幅 2500 平方千米的北欧海洋中脊地形地貌图。这也是我国在北冰洋获得的第一幅海底地形地貌图。

08 月 19 日　重复断面调查

大家都还沉浸在穿越中央航道的兴奋之中，新的作业已经开始。上午 7 点 50 分，考察队开始了 BB08 站位的 CTD 采水作业。至晚上 10 点，共完成了 3 个站位的 CTD 作业、1 个微塑料拖网作业和 1 次海漂垃圾观测。

这里给大家介绍一下微塑料拖网。微塑料一般是指直径小于 5 毫米的塑料碎片和颗粒，它源于大块塑料的降解或来自我们日常使用的化妆品或者清洁用品（如牙膏）中大量的磨砂颗粒。因塑料制品的广泛应用，海洋环境中的微塑料广泛存在。加上微塑料对海洋生物产生的各种确定和不确定的危害，受到了国际社会的广泛关注。而海流又把欧洲海域的微塑料带到了北极，因而在北极的海水、海冰和沉积物中均发现有微塑料的存在。科考用的拖网有鱼类、浮游动物和微塑料拖网等，口径和网目的大小不一。网口一般装有海流计数仪，这样就可以获得过滤海水的总量来计算单位体积的数量。

因处于大气高压系统，海况比较好。晚上 6 点 47 分时天气为晴，航速 12.1 节，气温 4.9℃；相对湿度 67.2%，风速 12.2 米/秒，能见度 19.0 千米。气温比穿越北冰洋时已明显高出许多。

由于多波束测深系统的罗经出了点问题，需要尽快维修，今天海底地形地貌测量仅完成了两个声速剖面测量。我在队务例会上提醒作业人员作业要紧凑一点，另外 CTD 连续作业比较辛苦，一定要注意安全，包括人员和装备的安全。徐韧领队提议艉部作业比较辛苦，是否找其他人员帮忙？我觉得目前艉部甲板作业人员一班是 5 人，人数不少，也比较默契了，最好不要用新人，因为还是有安全性的问题。他们有问题的话可以提出，队上帮助解决。今天来自自然资源部第三海洋研究所的团队还尝试了利用声学开展鲸的探测，但并没有探测到相关的声学信号。

晚上 8 点船时调整为晚上 7 点，启用零区时间（格林尼治时间），与国内时差为 8 个小时，即国内早上 8 点上班时，船时为半夜 12 点。

艉部拖网作业

船上实验室样品处理

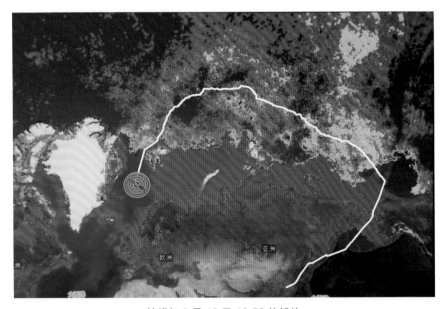

航线与 8 月 19 日 18:53 的船位

08月20日 测区地形调查

今天凌晨 0 点 23 分至 2 点，BB05 站位 CTD 采水作业。凌晨 4 点 30 分至晚上 11 点 20 分，用了约 19 个小时，完成北欧海公海区 2500 平方千米区块的地形测量，这也是我国在北冰洋获得的第一份海底地形测量资料。

天气情况较好，上午 8 点 30 分的天气为晴天，航速 11.8 节，气温 5.8℃；相对湿度 70.4%，风速 15.3 米 / 秒，能见度 18.6 千米。区块测线完成时航速 10.0 节，气温 6.0℃；相对湿度 80.1%，风速 15.3 米 / 秒，能见度 15.8 千米，两者没有太大的变化。

这幅测线长度 390 千米、面积 2500 平方千米的北欧海洋中脊地形地貌图，尽管很渺小、也不算完整，但却是我国北极科学考察史上首幅有设计测线拼接的北冰洋海底地形地貌图。晚上 11 点左右的时候，我在船员餐厅接到了自然资源部第二海洋研究所张涛从驾驶台打来的电话，说是在走第 3 条测线的时候有一块留白，希望能够补上，但需要额外 1 个小时左右的时间，我认为可行，并请示了领队，同意

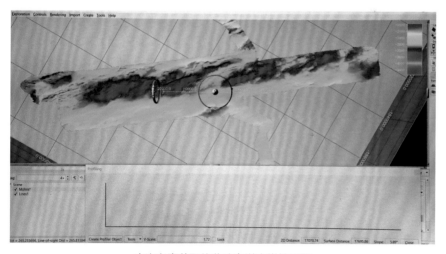

本次考察获取的北欧海洋中脊地形图

了张涛的申请，但要求在晚上12点以前必须完成相关作业。这个空白区是上午电脑突然死机造成的，我当时正好在物理实验室，只是当时数据还没处理，不知道空白区的面积有多大。所以从航迹上来看，有中间折返的一段路。

地形测量使用了"雪龙"号当时最新装备的深水多波束测深系统。一般船上配备的是单波束测深系统，通过船底换能器向下释放一个声波，通过声波在海里的传播速率和到达海底反射回来的时间，就可以计算获得这个点位的水深数据。连续测量就可以获得船舶航行路径的水深资料。科考船装备的多波束测深系统，可以在船舶航行方向的垂直方向上呈不同的角度同时释放一定数量的声波，从而能获取垂直线上一定范围的水深数据，连续的测量就可以获取一定宽度的带状地形资料，多个条带拼接就可以获取一定范围内的海底地形资料。

晴天甲板面小憩

08月21日 继续北欧海作业

今天继续北欧海站位调查作业。凌晨0点20分开始BB04站位CTD采水作业，至晚上9点50分AT02站位作业结束，共完成BB04站位、BB03站位、BB02站位、AT01站位和AT02站位共5个站位作业。

海况还算不错。上午7点35分完成BB03站位作业时气温7.0℃，相对湿度73.7%，风速7.4米/秒，能见度18.8千米。

舯部CTD作业

CTD操作间内采集水样

08月22日　继续北欧海作业

今天多云天气，继续北欧海调查作业。凌晨0点35分开始AT03站位作业，至晚上9点完成AT06站位作业，完成AT03～AT06共4个站位的作业任务。海洋断面作业，差不多就是重复作业，一个站位接着一个站位地下放CTD，采集温盐深剖面数据和水样，不停地进行水样预处理和分析，工作量大，并会显得有些枯燥。

CTD是温盐深仪的简称，用于测量全海深的温度和盐度剖面资料，是一个小型圆柱形装置。我们看到的CTD是广义上的称呼，还包括了采水器。"雪龙"号配备了24瓶10升容量的采水器。考察队CTD作业的时候，瓶口是开启的，等下放到近海底时开始回收，在回收的过程中，可以通过计算机的控制，在预定深度发出信号，触发采水器关闭两端的瓶盖，从而获取这一深度的海水样品。

夜间CTD作业

"雪龙"号夜间航行

08月23日　完成北欧海作业

　　凌晨 2 点到达 AT07 站位开始作业，凌晨 5 点 10 分至上午 10 点 05 分，完成艉部磁力拖曳测量。至此，北欧海两条断面 14 个站位的调查全部结束。这也是我国 1999 年开展北极科学考察以来第二次到达北欧海海域并顺利完成断面调查。

　　天气和海况还算可以。到达 AT07 站位时是黑天，气温高达 8.9℃，相对湿度 75.3%，风速 8.3 米 / 秒，能见度 16.8 千米。

　　根据《联合国海洋法公约》，北欧海公海区域就是考察队调查的这片半弧形区域，很小的一片区域。

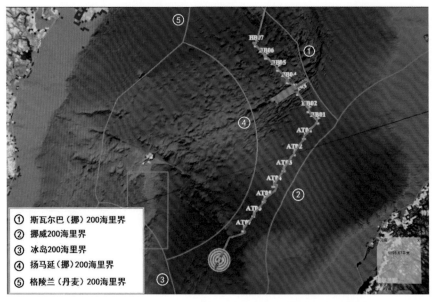

① 斯瓦尔巴（挪）200海里界
② 挪威200海里界
③ 冰岛200海里界
④ 扬马延（挪）200海里界
⑤ 格陵兰（丹麦）200海里界

"雪龙"号8月23日12:01船位（北欧海完成的断面和站位）

8月23日12:02的海况

穿越北冰洋Ⅱ

——中国第八次北极科学考察中央航道和西北航道穿越纪实

第四篇

试航西北航道

中国第八次北极科学考察队搭乘"雪龙"号于2017年9月6日凌晨1点40分（当地时）成功穿越北极西北航道，试航了北美经济圈（大西洋沿岸）至东北亚经济圈的海上新通道。而随着近年来北极气温上升和海冰减少，航道通航的时间窗口也在不断延长。

8月30日下午2点10分（北京时间），"雪龙"号进入戴维斯海峡，途经巴芬湾、兰开斯特海峡、巴罗海峡、皮尔海峡、维多利亚海峡、毛德皇后湾、德阿瑟海峡、科罗内申湾、多芬联合海峡和阿蒙森湾，沿途克服航道曲折、浮冰密集、冰山零星散布、海雾频现、冰区夜航等诸多困难，历时8天，航行2293海里，于9月6日下午5点40分（北京时间）进入波弗特海，完成了中国船舶首次成功试航北极西北航道，为未来中国船只穿行西北航道积累了丰富的航行经验。至此，"雪龙"号作为中国北极航道试航的开路先锋，对所有三大北极航道均实现了首次穿越，促进了我国船舶对北极航道的商业利用。

试航期间，考察队在巴芬湾西侧陆坡区完成了1400平方千米区块的海底地形勘测，测线总长613千米；完成3042千米的航渡海底地形地貌数据采集；获取了21个人工定点气象观测记录，39个人工海冰观测记录，2583帧海冰形态影像记录，139轨卫星遥感影像数据，获取了第一手的海洋环境数据资料，填补了我国在该海域的调查空白，为认知北极和利用北极做出了积极贡献。

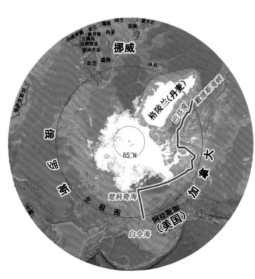

穿越北极西北航道航线示意图（刘健 绘制）

西北航道是指北美大陆北部沿岸经加拿大北极群岛水域和美国阿拉斯加北部水域、连接北太平洋和北大西洋的海上通道，相较于经巴拿马运河连接东北亚和北美东岸的传统航线航程缩短约 20%。以上海至纽约为例，经巴拿马运河的传统航线航程约 10 500 海里，而经西北航道航程约 8600 海里，减少航程近 2000 海里，节省约 7 天航时。

08 月 27 日　拉布拉多海调查

从 23 日凌晨 A07 站位作业结束，到 27 日中午 11 点 50 分抵达北大西洋的拉布拉多海 LB01 站位，历时 6 天，行程 1500 余海里，由于仅有在公海区的走航观测，任务相对轻松。8 月 25 日下午 1 点至 3 点，考察队利用闲暇时间，组织进行了穿越西北航道宣传活动的材料准备。另外，我们在北欧海作业的时候用的是零时区，经过 8 月 24 日、25 日、26 日每天晚 8 点的拨钟，已调整到西 3 区时间，与国内的时差为 11 小时。

8 月 23 日完成北欧海作业后，"雪龙"号开始向西北航道进发，我们一直在计算可以在北大西洋公海区作业的时间。经与朱兵船长的核算，原计划有将近一天半的作业时间，我让李群、林丽娜和蓝木盛等队员做了由 4 个站位组成的断面调查方案，但后来明确了接加拿大科学家的时间为格陵兰南部水域世界时 28 日上午 10 点 30 分后，我们测算的时间最多是 6 个小时左右，根本无法完成断面调查，所以修改计划为压缩到 1 个站位完成所有项目的考察。"雪龙"号在上午 11 点 50 分到达站位点。上午 11 点 01 分记录为航速 14.8 节，距努克港 904.2 千米；气温 7.9℃，相对湿度 76.8%，风速 20.3 米 / 秒，能见度 14.0 千米。

原计划是下两次 CTD，分别为全深度和 1500 米，然后在艉部进行重力柱状样的采集和微塑料的拖网作业。但风浪较大（约 4 级海况），特别是风大，导致在无动力状态下，"雪龙"号的漂移速度高达 3 节（约 5.6 千米 / 小时）。在这种海况下，钢缆的倾斜角度就超过了 50 度。由于海况不好，沈权和我均在场。他就跟实验室副主任夏寅月说"雪龙"

号实验室应该制定作业规范，确保实验设备的安全。我觉得海况确实不好，但钢缆倾斜的角度和方位基本稳定，应该不会有问题。唯一的问题是因为倾斜，释放钢缆长度对深度而言的效率只有将近一半，也就是说放2米的钢缆，CTD只会往下降约1米，这样就会比较费时。但毕竟这里只是我们加出来的站位，不是重点站位，没必要去冒险，所以最终确定的下放深度为1000米。

回到房间后，我也很关注艉部的作业，在差不多的时候去了后甲板。但渐渐地我就发现了一个大问题。原定的安全措施并没有具体落实，在作业的五六个人中，仅王荣元一人按要求系了安全绳，其他人没穿航空救生衣，靠近舷口作业的考察队员也没有系安全绳。这是非常危险的。像进行挂钩作业的考察队员，只要脚下一打滑，就有滑出舷口、落入大海的可能；更为后怕的是，所有与安全有关的重要人物，包括艉部甲板作业队长、考察队安全员、安全监督员和其他队长，没有一个人提醒。当时因为大家正在作业，我怕突然的打断会影响他们的作业，反而容易出现问题，就没有中断作业。最后，我把这个问题反映到队务例会上，指出安全问题：艉部作业人员没系安全绳、不穿航空救生衣，而我们的安全监管体系形同虚设，从甲板面负责人、安全员、安全巡视监督员到作业队长、实验室副主任全在场。会后，负责艉部甲板作业的刘焱光也向我汇报说他专门组织了对队上精神的落实。

最终，考察队在下午4点55分完成所有作业。合计在该站位完成了一次1000米的CTD采水、一次沉积柱状样的采集和一次微塑料拖网，其中柱状样岩芯长度为5.9米，是这次考察采集岩芯的长度纪录。在完成作业后，"雪龙"号向约定的接加拿大科学家的地点进发，预计在明天上午7点30分到位接人。

今天其他作业包括走航气象、完成了80千米的海底地形测线勘测等。队上同时要求在进入格陵兰（丹麦）200海里专属经济区前，除常规气象等航行保障数据采集外，所有的观测设备要停止运行。同时三楼健身房和活动室的活动结束时间从原来的晚上10点调整为晚上8点。

主要是因为这两个活动室是后来改造出来的，改造后 304 至 309 等几个房间的窗户就被包在里边了，也就是原来对外的窗户现在变成了开向这两个活动室了。因为这次考察人数少，这几间房间原来是空着的。但加拿大科学家和冰区领航员上船后要住，活动太晚会影响他们的休息，因而对允许活动的时间段进行了调整。

艉部 CTD 采样视频截屏（回收时 CTD 晃得非常厉害）

8 月 27 日中午 11 点 01 分"雪龙"号船位

艉部微塑料拖网采样

每日一题 拉布拉多海与一角鲸

本次考察，是"雪龙"号入列以来首次达到北大西洋海域。

拉布拉多海位于北大西洋西北部，加拿大拉布拉多半岛和格陵兰岛之间，呈倒三角形。北经戴维斯海峡通巴芬湾，西经哈得孙海峡通哈得孙湾，南经贝尔岛海峡通圣劳伦斯湾，总面积约 140 万平方千米。沿岸西侧大陆架北部较宽，最宽可达 150 千米，南部较窄，纽芬兰岛沿岸有的地段 200 米等深线可深入峡湾内。中部地区水深 2000 米以上，最深处在东南界处，深达 4193 米。海区地处 47°—60°N 的高纬地区，气候寒冷多雾。拉布拉多寒流沿巴芬岛东岸南流至拉布拉多海，格陵兰寒流从格陵兰岛东岸向西南流至本海域南方，导致海水温度较低，并且有冰山漂至，影响海上航行。著名的"泰坦尼克"号邮轮就沉没在本海域南侧。仲夏至秋末可通航。本海域资源丰富，尤其是南端纽芬兰岛东南浅滩一带是拉布拉多寒流与北大西洋暖流交汇处，是世界大渔场之一，盛产鳕、鲽、鲱、鲑等鱼类。

一角鲸，也称独角鲸，是北极海域特有鲸种，与白鲸有亲缘关系，它们共同组成了齿鲸亚目（齿鲸）的单齿目。主要生活在格陵兰岛东西两侧水域。世界上大多数一角鲸在巴芬湾－戴维斯海峡地区（加拿大和格陵兰岛西部之间）的海冰下过冬长达 5 个月。冰层上的裂缝可以让它们在需要时呼吸空气。

一角鲸有短而钝的鳍状肢，没有背鳍。它们斑驳的灰色身体上方比下方暗，通常长度为 3.5 ~ 5 米，雄性比雌性大。成年雄性体重约 1600 千克，雌性体重约 1000 千克。

一角鲸的长牙是它最独有的特征。一角鲸看起来像鲸鱼和独角兽的杂交体，长长的螺旋形长牙从额部伸出。雄性通常有象牙，有些甚至有两颗。象牙可以长达 3 米，在表面形成左旋螺旋槽。象牙其实是由上颚顶端两颗牙齿发育而来，雄性通常只长出左牙，而雌性两颗牙通常都是退化的。但在极少数情况下，雌性和雄性都可能长出两颗象牙。

目前科学家尚不清楚象牙的具体功能，一些可能的作用包括：雄性在争夺配偶时，会利用象牙互相攻击；象牙遍布神经末梢，具有感官能力，用于检测环境变化，有助于找到猎物或适合的生存环境。

一角鲸通常以 15 ~ 20只为一组，也可能形成成百上千的分散群体。主要以格陵兰大比目鱼为食，其食谱还包括北极鳕鱼等其他鱼类、鱿鱼和虾。其安全威胁主要

冰区一角鲸
引自 https://animalfactguide.com/animal-facts/narwhal/

来自虎鲸，北极熊和海象偶尔也会对其造成伤害。因纽特人捕杀一角鲸主要是为了获取象牙和富含维生素 C 的鲸皮。

一角鲸至少能活到 25 岁，甚至可以活到 50 岁。雌性在大约 6 岁时达到性成熟，雄性在 8 岁时达到性成熟。一角鲸在怀孕 13 ~ 16 个月后，会在夏天（7—8 月）产下一头幼崽。新生一角鲸幼崽长约 1.6 米，在一年或更长时间后断奶。

一角鲸会受到原住民猎杀、被困冰下无法呼吸（找不到冰裂隙时）和环境污染等威胁，它们和所有海洋哺乳动物一样受到保护。

08月28日 加拿大科学家登船

早上吃饭的时候听央视的牛巧刚说送加拿大科学家的船离"雪龙"号还有 10 海里。这样的话应该还有一会儿才到，于是在房间修改材料。突然感觉"雪龙"号启动了，就去了驾驶台，发觉"雪龙"号正在往该船方向航行。从雷达屏显示看，该加拿大海岸警卫队的船名为"Leonard J Cowley"（注：全长 72 米、型宽 14 米、吃水 4.9 米、满载排水量 2080 吨、编制 20 人）。

一开始只能用望远镜看，但逐渐地用肉眼就可以看到一个黑点了。徐韧、沈权和于涛等陆陆续续上了驾驶台，各层舷边的人也越聚越多。对于长期在大洋中摇荡的考察队员而言，茫茫大海中，船本身无疑是一道亮丽的风景线。船的轮廓越来越明显，上层建筑很明显是白色的，但对下面是白色还是红色大家的意见并不一致。在有些阴沉的天色下，要判断准确并不容易。快到的时候，"雪龙"号停船了，加拿大船越来越明显，大家都端了"长枪短炮"拍了起来。完成中央航道穿越后，我们在无冰区除了偶尔遇见几只飞鸟外，见不到什么动物，船舶也只是在经过冰岛附近时见到过一艘集装箱船。能见到加拿大海岸警卫队的船，大家都很兴奋。

上午 8 点左右，加方的船在"雪龙"号的十点钟方向停下，与"雪龙"号通话说 5 分钟后放小艇。这船尽管不大，艉部却有一个小的直升机库和直升机平台。不一会儿，橡皮艇就出发了。尽管今天的涌浪比昨天小多了，但对于小橡皮艇而言还是有些大。"雪龙"号无法放舷梯，只能用软梯，这给登船带来了难度。由于我在驾驶室，看不清是谁先上的"雪龙"号，但第一个人刚上软梯，由于浪太大，橡皮艇就只好离开，剩下他孤零零地吊在软梯上，远远看着着实惊险，好在橡皮艇又迅速回到"雪龙"号边上。然后是第二个，第三个。所有的行李是用绳子吊上"雪龙"号的。8 点 10 分，加方人员登船结束，由沈权和邓贝西带去房间。

这次加方一共有 3 个人，分别是来自加拿大渔业与海洋部的珍妮弗（Jennifer Vollrath）、来自该部隶属水道测量局的埃丝特尔（Estelle

Poirier）和凯文（Kevin Jones）。早上 10 点，考察队在五楼会议室举行了欢迎会，徐韧领队、我和外事秘书邓贝西参加。领队介绍了我国这次北极考察的基本情况，以及航道考察的主要目的。加方介绍了这次合作的主要目的。会后，我、邓贝西和张蔚带着他们参观了驾驶台、餐厅和实验室。

下午 2 点，我和邓贝西与加方科学家进行合作具体内容的洽谈。最后达成如下共识：（1）兰开斯特地因设立自然保护区，断面取消。剩下的 3 个断面共 14 个 CTD 站位需由我方按原有途径重新申请；（2）原则同意我方拟定沿加拿大的陆坡北上海底地形测线勘测，我方同时提出了在巴芬湾进行小区块测量的建议，这部分将由加方埃丝特尔提出具体方案，并协同加方的冰区领航员确定航道内部的走向；（3）在 CTD 断面作业没有获得批准前，我们仅执行走航作业。若要进行作业，除气象、水深等观测外，其他观测和采样须在明天前递交项目申请至刘健，由考察队统一审批。经批准的项目需在进入加方专属经济区后开始实施，并在考察后及时递交相关数据。我在队务例会上通报了与加方商议的结果，并介绍了加方科学家的基本情况。

晚上珍妮弗与张涛搭档还打了乒乓球。据她自己介绍，除打乒乓球外，也很喜欢打篮球。

加拿大巡逻艇放橡皮艇送加方科学家登"雪龙"号

加拿大科学家登艇

每日一题 西北航道探险史

"雪龙"号马上要进入西北航道最为关键的海域。现在已有现代化的大型船舶,但在极地探险时代,西北航道探险史,充满了苦难和牺牲。下面给大家介绍历史上极为重要的西北航道探路人。

约翰·卡博特(John Cabot,1450—1500)

旅居英国的威尼斯航海家约翰·卡博特是探索西北航道的欧洲第一人。他于1497年5月率领18人的小队从英国布里斯托尔启航,并于6月在加拿大海上岛屿的某处登陆。就像5年前的克里斯托弗·哥伦布一样,卡博特认为自己已经到达了亚洲海岸。1498年,亨利七世国王授权卡博特进行第二次更大规模的探险。此次探险包括5

艘船和 200 人。之后卡博特和他的船员再也没有回来，推测可能是在北大西洋的一场强风暴中全部遇难。

雅克·卡地亚（Jacques Cartier，1491—1557）

1534 年，法国国王弗朗索瓦一世派遣探险家雅克·卡地亚前往新大陆寻找财富，以及通往亚洲更快捷的航线。他率领两艘帆船和 61 名船员，到达了纽芬兰海岸和圣劳伦斯湾，发现了今天的爱德华王子岛，但没有发现西北航道。

卡地亚的第二次航行沿着圣劳伦斯河到达魁北克，他被认为是魁北克的缔造者。面对部下的坏血病（维生素 C 缺乏病）和日益愤怒的当地易洛魁人，卡地亚俘虏了易洛魁人的首领，并将他们带到法国。他们告诉国王还有一条大河向西通向财富，也许还有亚洲。

卡地亚于 1541 年开始第三次航行，但没有成功。此后他隐居在圣马洛的庄园，再也没有出航。

亨利·哈得孙（Henry Hudson，1565—1611）

1609 年，荷兰东印度公司的商人雇佣英国探险家亨利·哈得孙寻找从大西洋到太平洋的西北航道。哈得孙和他的船员绕着长岛航行，进入纽约的哈得孙河，然后掉头返航。虽然哈得孙没有发现西北航道，但他的航行是荷兰殖民纽约和哈得孙河地区的第一步。

1610 年，哈得孙再次尝试西北航道。这一次，他向北航行到加拿大巨大的哈得孙湾，在那里被困冰中漂流了数月。到 1611 年春天，他的船员叛变。

大船摆脱冰层后，叛变的船员在返回英国前把哈得孙和那些忠于他的人扔到了小船上。之后人们就再也没有见过他。

约翰·富兰克林（John Franklin，1786—1847）

1845年，由英国皇家海军军官和北极探险家约翰·富兰克林爵士率领的西北航道探险队可能是最悲惨的，富兰克林和128名官兵乘坐"埃雷布斯"号和"恐怖"号从英国出发，在探险途中全部失踪。1847年开始，英国派出了多个搜索队，但一直没有任何收获。直到1859年，搜索队抵达兰开斯特海峡西南的威廉国王岛，发现了部分船员骨架和1848年4月25日

引自 https://www.portrait.gov.au/portraits/2012.70/captain-sir-john-franklin-kt-kch-krg-dcl

探险队的书面记录，才了解了当时探险队的大致情况。

探险队穿过伊丽莎白女王群岛的惠灵顿海峡，在比奇岛过冬，然后南下穿过皮尔海峡和富兰克林海峡。1846年9月，他们在威廉国王岛附近的维多利亚海峡被冰围困。到1848年4月，富兰克林和其他23人在那里丧生，这些仍被冰雪围困的船只被遗弃，105名幸存者弃船试图南撤。来自当地因纽特人的19世纪报告显示，这些人在徒步穿越冰层时可能采取了人吃人的方式，这也得到了20世纪90年代初考古学家对富兰克林探险队一些船员骨架上的切割痕迹的支持。

20世纪末对保存的几名船员尸体进行尸检表明，肉毒杆菌中毒、坏血病（维生素C缺乏病）和铅中毒，可能是导致富兰克林船员精神和身体衰弱的原因。2014年9月，加拿大公园的一支潜水探险队利用水下潜器在威廉国王岛附近发现了"埃雷巴斯"号的残骸。两年后，英国皇家海军"恐怖"号的残骸在略北的恐怖湾被发现，该湾位于埃雷巴斯遗址以北约100千米。这艘船保存得非常完好，因而否定了该船遭到海冰破坏的推测。

罗伯特·麦克卢尔（Robert M'Clure，1807—1873）

麦克卢尔被认为是第一个在西北航道"航行"的人，尽管他的大部分旅程是在冰上，而不是在水上。

1850年，他从第一次富兰克林搜索探险队回来后，又发起了一次新的搜索探险，理查德·柯林森指挥"企业"号，麦克卢尔作为他的下属指挥"调查者"号。这两艘船

引自 https://www.alamy.com/robert-mcclure-1-image65464109.html

从英国出发，在大西洋上向南航行，穿过麦哲伦海峡驶向太平洋后分开了，在各自余下的旅程中没有进一步联系。"调查者"号向北穿过太平洋，通过白令海峡进入北冰洋，然后向东驶过阿拉斯加的巴罗角，并进入加拿大北极群岛水域。

探险队历经艰险，共在北极经历了4个冬天。1854年，麦克卢尔与船员们最终放弃船舶，乘雪橇前往比奇岛，并于4月在那里被英国其他探险队接送回国。他因放弃探险船而面临军事法庭审判，但最终被无罪释放，并被授予爵位且晋升军衔，同时与他的手下分享了当时绝对算得上是巨款的1万英镑奖金。

罗尔德·阿蒙森（Roald Amundsen，1872—1928）

在罗伯特·麦克卢尔发现西北航道50多年后，挪威探险家罗尔德·阿蒙森称为第一位成功乘船航行西北航道的人，这次航行持续3年时间（1903—1906年）。但当他在1903年乘船出航时，他的主要目标不是完成这条航道，而是查明自1831年发现磁极以来，磁极是否发生

https://www.pbs.org/wgbh/americanexperience/features/ice-amundsen/

了移动。因而在北极的两个冬天里，阿蒙森和他的船员们一直致力于进行地磁和气象观测。

阿蒙森的"吉亚"（Gjøa）号小渔船只有47吨，有6名船员。他们顺利穿过兰开斯特湾和巴罗海峡，并于1903年8月22日抵达比奇岛，在埃雷布斯湾越冬。第二年，沿着约翰·富兰克林的航线驶向威廉国王岛，在该岛东海岸的吉亚港过冬。1905年8月13日，"吉亚"号再次启航，经过辛普森海峡，到达威廉国王岛以南，最终穿越白令海峡，于1906年抵达阿拉斯加太平洋海岸的诺姆港。

他的成就被列为北极探索的关键里程碑之一。但由于阿蒙森航线水深很浅，距发现西北商业航运通道这个最初动机仍遥不可及。

08月29日　加拿大冰区领航员登船

早晨，"雪龙"号已到了努克港外围海域。大雾天，四周雾蒙蒙一片。8点25分的记录为雾，航速1.5节，距努克港44.6千米。气温4.3℃，相对湿度100.0%，风速8.4米/秒，能见度0.83千米，水深37.7米。

10点左右，"雪龙"号开始缓缓驶入努克港的水道。10点40分上驾驶台，上面已非常热闹。领队和埃丝特尔也在上面。尽管是阴天，但天色已明显好转。周边也出现了大小不等的岛屿。大家一边观风景，一边聊天，不知不觉间就忘记了时间。还是清华提醒已到吃午饭的时间。一看时间，都已是11点40分，再晚就没有中饭吃了，大家才匆匆去餐厅吃饭。

吃完饭后觉得有些困，就在房间眯了一会儿。重上驾驶台，人非常多，船离码头的距离很近，努克的景色一览无余。我虽然在2008年北极高峰周会时来过努克，但没有从远距离看过全景，所以感觉还是很陌生。尽管城区规模小，但感觉还是比较现代化，有不少高楼。

下午1点45分，加拿大冰区领航员携带深水多波束测深系统配件上船，"雪龙"号开始向加拿大水域进发。加拿大冰区领航员名为奈杰尔（Nigel），之前一直在加拿大海军服役，曾在20世纪末当过两年舰长，退休后为公司服务，进行冰区领航。他来自加拿大西海岸的维多利亚市，一路辗转美国西雅图、冰岛雷克雅未克和格陵兰（丹麦）努克，最后才上的"雪龙"号。

贝西跟我说，珍妮弗希望能落实一下合作的具体内容，我说等晚饭后会去找她。队务例会后，我去了考察队员餐厅，她正和其他两位同事玩掷骰子的游戏。最终确定了地形地貌区块的地理位置，在巴芬湾内巴芬岛东侧陆坡区，共布设 5 条测线，每条测线的长度为 72.7 海里，总宽度为 7 海里，勘测面积约 1700 平方千米。另外，她认为采表层水可以，但大气气溶胶没有明确在我们原来向加拿大政府的申请材料中（我当时提的是气象），指出若想做，需要走程序，向加拿大外交部提出申请。她们和外交部不是一个部，无法做主。所以考察队决定不开展气溶胶采样。

伴行进入努克港的加方 707 舰

在晚上 6 点的队务例会上，我对合作情况进行了通报：西北航道作业 CTD 断面因申请时间问题取消；每天 1 次声速剖面测量，由"雪龙"号实验室工程师负责开生物水文绞车。领队要求我尽快完成与加拿大合作的细化方案报中国极地研究中心，内容包括加方人员何时上船、商谈内容以及最终结果。

在商讨的基础上，我向领队进行了汇报，并征询了相关科考队员的意见，最终根据队务会上的要求，草拟了西北航道具体考察内容的汇报传真，交张蔚发回国内。这样一"闹腾"，时间已到了晚上 9 点多了。我原来基本上是每天队务例会后去打乒乓球，今天带拍子下去看了一下，已没有其他人在玩，只能回到房间。

"雪龙"号上远眺努克港

代理租用送领航员的小艇

8月29日23:19"雪龙"号船位

 每日一题 **格陵兰岛为什么字面意思是"绿色之地"？**

　　9年后再度光临努克，不过不是在城中，而是在湾里远眺。格陵兰岛为大家所关注，主要并不是其全球第一大岛的名头，而是北半球唯一的大冰盖——格陵兰冰盖。就体量而言，它自然无法与南极大冰盖相比。但这些年北极地区升温明显，它的快速融化，会导致全球海平面的上升。

　　格陵兰是丹麦王国的海外自治领土，面积约217万平方千米。全境大部分处在北极圈内，有极昼和极夜现象。约83.7%的面积被冰雪所覆盖，气候寒冷，年平均气温低于0℃，夏季温度也很少超过10℃。该岛中部历史最低气温为-70℃。

　　官方语言为格陵兰语，丹麦语和英语为行政语言，货币为丹麦克朗。2016年人口总数为56 186人，主要为因纽特人和丹麦人。其中北海岸和东海岸的大部分地区，几乎是人迹罕至的严寒荒原。有人居住的区域约为15万平方千米，主要分布在西海岸南部地区。渔业和采矿业是其主要经济支柱。根据世界银行公布的数据，格陵兰2016年GDP总量为27.07亿美元，人均GDP高达48 181美元。而狩猎业是传统行业，有1/4人口以此为生。

格陵兰的植物以苔原植物为主，包括苔草、羊胡子草和地衣。无冰地区除了一些矮小的桦树、柳树和桤树丛外，几乎无别的树木生存。夏季有大批候鸟光临，本地鸟种包括雷鸟和小雪巫鸟等。其他动物有北极熊、狼、北极狐、北极兔、驯鹿、麝牛和旅鼠等。在沿岸水域常见鲸和海豹。海洋鱼类有鳕鱼、鲑鱼、比目鱼和大比目鱼等。

格陵兰自然资源丰富。地下蕴藏铅、锌、铬、煤、钨、钼、铁、镍、铀和石油等资源。1989年，在该岛东部发现金矿，初步探明储量价值约12亿克朗，每年可采12吨。陆上和近海石油和天然气储量也相当可观。拥有全球第二大稀土矿。

公元982年，丹麦人埃里克和他的伙伴从冰岛向西北航行，去寻找新大陆，却意外发现了一个大岛。据冰岛古代史记载，埃里克以一个"令人亲切的、充满生机的称谓"——"格陵兰"（意为绿色之地）诱惑世人，吸引人们迁徙到这个荒凉的冰原上。果然，一批又一批的移民携家带口慕名而来。1261年成为挪威殖民地；1380年丹麦与挪威联盟，格陵兰转由两国共管；1841年丹麦和挪威分治后，成为丹麦的殖民地。后挪威与丹麦为该岛归属问题发生争执，1933年由海牙国际法庭判归丹麦。第二次世界大战期间，格陵兰一度由美国代管，战后归还丹麦。1953年丹麦修改宪法，格陵兰成为丹麦的一个州。1979年5月1日起，格陵兰正式实行内部自治，但外交、防务和司法仍由丹麦掌管。2008年格陵兰举行公投，决定逐渐走向独立之路，并在2009年正式改制成为一个内政独立，但外交、国防与财政相关事务仍由丹麦代管的过渡政体。

丹麦在格陵兰岛设有格陵兰司令部，具体负责渔区巡逻、海上救援、海洋测量、气象服务及同美国军事基地的联络。1941年4月9日，丹美签订《格陵兰防务协定》，美国取得在岛上建立军事设施的权利。美国在该岛西北部的图勒设有军事基地、雷达站和预警系统。

格陵兰首府努克（格陵兰语：Nuuk，意为海岬），位于西岸戈特霍布海峡口，是格陵兰岛上最大的港口城市，与我国长春是友好城市。原名戈特霍布（Godthaab），1979年实行地方自治后改名为努克。城区面积为 10.5 万平方千米，2013 年人口约 1.6 万人，拥有全岛唯一的高等学府——格陵兰大学。属亚寒带气候，7 月平均气温 8℃，1 月为 -7℃。受西格陵兰暖流影响，冬季附近海水不会结冰，夏季生机盎然，冬季夜空极光飘逸，是北极旅游目的地之一。

08 月 30 日　戴维斯海峡走航观测

早上 5 点 53 分，在睡梦中接到驾驶台的电话，原来是已到多波束测量的第一个控制点，问要不要做声速剖面，我让驾驶员去询问张涛。吃完早饭去物理实验室，高金耀正好在，他告诉我说多波束测深系统刚开，并投放了一个抛弃式温深仪（XBT）。他说航渡期间不做声速剖面测量，只在测区做，但实际上他们在 8 点 22 分至 9 点 22 分停船做了一个声速剖面（SVP）测量。

早饭后与珍妮弗沟通了一下作业计划。后去了驾驶台，就戴维斯 / 巴芬湾航渡测量 5 个测点中最北的测点的经纬度进行了修整。原控制点离海岸太近，只有 8 海里左右。

上午 10 点 24 分，突然发现海面出现不少浮冰块（航海日志记录为 10 点 05 分进入冰区）。这些都是海冰融化后的"残余分子"。外面的气温已下降到 1.6℃，风速高达 17.6 米 / 秒。浪借风势，风和浪的声音交杂，在甲板上能明显地感受到恶劣的环境。这也就是前几天在拉布拉多海作业时才有的海况，但那几天仅是海况差，天气还是很好的。远处还能见到有一座小冰山。10 点 29 分左右，海冰消失，能见度有所提高，但远处仍是雾蒙蒙一片。下午 4 点 55 分船右侧发现有一座小型冰山，比上午发现的要大。晚上 6 点 35 分，"雪龙"号终于驶出海冰区。

下午进行北极大学第 7 ～ 9 讲的授课，分别是来自国家海洋环境预报中心杨清华的《极地预报工作相关进展》、李春花的《北极海冰预报保障》和陈志昆的《极地航线气象保障》。海冰预报冰图是不可或缺的，其中可见光冰图清晰，但受云的影响较大；SAR 卫星图清晰，但范围小，并且无法保证每天能提供，两者需要配合使用。极地航线气象保障工作主要包括：48 小时天气和海况预报，作业气象保障、逐日 3 次气象和海冰观测，Seaspace 卫星云图接收。人工观测的内容包括：风向、浪高、浪向、涌高、能见度等。

晚上去打了篮球，这是我考察以来的第二次，之前主要是玩乒乓球。珍妮弗也加入了我们的队伍。珍妮弗等 3 位科学家习惯了晚饭后在考察队员餐厅玩游戏，今天晚上张涛和邓贝西参与了他们的队伍。珍妮弗的笑点比较低，餐厅里充满了她开怀大笑的声音。

格陵兰军舰一直伴行，护送"雪龙"号驶离其专属经济区。据航海日志记载，"雪龙"号从丹麦专属经济区穿越至加拿大专属经济区的时间为 3 点 15 分，经纬度为 66°07.079′N，57°42.75′W。

今天共完成了 242 千米的多波束系统水深测量，并用诺姆港带上船的新 GPS 更换了旧的设备。在队务例会上，我介绍了最终的西北航道具体实施方案。由于出现冰山，领队也提醒要确保航行安全。

晚上拨钟 1 小时，从晚上 8 点拨回到晚上 7 点，现在用的是西 4 区的时间，与国内的时间正好差 12 个小时。也就是说船上的中午 12 点，在国内是深夜 12 点。

10 点左右戴维斯海峡出现浮冰的位置

海面出现的冰块和小冰山

珍妮弗和奈杰尔在驾驶台讨论

戴维斯海峡、巴芬湾和巴芬岛

今天"雪龙"号来到了戴维斯海峡——西北航道试航的起点。这是一片对"雪龙"号而言极为陌生的海域，之前从未到达。戴维斯海峡北边是巴芬湾，西边是加拿大北极区的巴芬岛。相信大家也会比较陌生，在此给大家做一介绍。

戴维斯海峡位于加拿大巴芬岛和丹麦格陵兰岛之间，约 60°—70°N 范围内水域。北接巴芬湾，南部与大西洋拉布拉多海相连。得名于英国探险家约翰·戴维斯，他于 1585 年发现了这条海峡。

巴芬湾为北冰洋边缘海，位于加拿大东北部的巴芬岛、埃尔斯米尔岛与丹麦格陵兰岛之间，因 1616 年英国航海家威廉·巴芬（1584—1622）进入该海湾考察而得名。19 世纪时曾是捕鲸和捕海豹业的中心。海湾向南经戴维斯海峡通向大西洋，北经史密斯海峡、罗伯逊海峡连北冰洋中央区，西经琼斯海峡和兰开斯特海峡进入加拿大北极群岛水域。海湾长 1126 千米，宽 112～644 千米，面积 68.9 万平方千米。平均水深 861 米，其中北部水深 240 米，南部水深约 700 米，中央巴芬凹地最大水深 2744 米。海峡出口处有暗礁。

巴芬湾气候严寒，1 月北部平均气温为 -28℃，南部为 -20℃，最低气温达 -43℃；7 月海岸平均温度 7℃。海湾全年大部分时间封冰，仅 8—9 月融冰期可通航。西格陵兰暖流紧挨着格陵兰西海岸北上，而从北边海峡流入的北冰洋寒流沿巴芬岛东岸汇入大西洋。海湾中漂浮着大量从冰川断裂的冰山，严重影响航行。海湾中央覆盖着厚的冰层，但是北部受西格陵兰暖流影响，实际上从不封冻，形成"北方水道"。巴芬湾散布有海豹、海象、海豚、黑鲸等海洋哺乳动物，盛产北极比目鱼、北极鳕鱼和鲭鱼。巴芬湾沿岸分布有 400 多种植物，如桦树、柳树、桤树，以及低等喜盐植物和苔藓、地衣等；动物有啮齿类、北美驯鹿、北极熊和北极狐。

巴芬岛是加拿大第一大岛、世界第五大岛，是加拿大北极群岛的组成部分，与世界第一大岛格陵兰岛遥遥相对，长 1500 千米，最大宽度

800 千米，面积约 50.7 万平方千米。其地质构造是加拿大地质构造的延续，地形以花岗岩、片麻岩构成的山地高原为主，海拔 1500～2000 米，最高处达 2060 米，呈东高西低之势。山脊纵贯岛的东部，上面覆有冰川。中西部福克斯湾沿岸为低地，海岸线曲折，多峡湾。巴芬岛大部分位于北极圈内，冬季严寒漫长，夏季凉爽，自然景观为极地苔原。岛上绝大部分地区无人居住，沿岸局部地区有因纽特人的小部落，他们以渔猎为生。岛南部的伊卡卢伊特（Iqaluit）建有机场，原为美国的空军基地，现已转交给加拿大，是全岛行政中心。坎伯兰半岛建有奥尤伊图克国家公园，北部有铁矿。

位于巴芬岛南部的伊卡卢伊特，意为"多鱼之地"，是努纳武特地区首府和该地区唯一的城市，渥太华有航班可达。尽管远离北极圈，但受巴芬岛寒流的影响，仍属北极地区典型的苔原性气候，仅有北极柳等灌木生长。一年中有 8 个月的平均气温低于 0℃。7 月的日平均气温为8.2℃，2 月的日平均气温为 −27.5℃。历史上记录到的最高气温为 2008年 7 月 21 日的 26.7℃，最低气温为 1967 年 2 月 10 日的 −45.6℃。

2016 年人口为 7740 人，在人数超过 5000 人的加拿大城市中，因纽特人无论是绝对数量还是占比上均为最高。在所有人口中，原住民占61.2%，白人占 34.3%，华人的比例为 0.8%。母语中 45.4% 为英语，45.4%为因纽特语，4.8% 为法语，但绝大多数人都会说英语。市内交通工具主要是全地形车和雪地摩托车，市内提供两个电视频道、一个免费的无线网络（Meshnet Community）及其他付费无线网络服务。

08 月 31 日　巴芬湾走航观测

今天阳光明媚，碧海蓝天，是一个难得的好天。

上午 8 点 30 分开始，临时党委成员对驾驶台、伙房、实验室和机舱值班人员进行了慰问。9 点 30 分开始，在五楼会议室审议了第 6 周周报、9 月 1—10 日的考察队活动计划等内容。

10 点 30 分至 11 点，考察队停船做了一个 SVP 测量。12 点 25 分，"雪龙"号到达测区,开始测线作业(71°32.3′N,69°46.5′W),作业期间,有加拿大巡逻机飞越上空,还有一艘商船经过。该测区是高金耀定的,主要是想了解该地区陆架通向深海的凹槽结构及其对沉积物的搬运和堆积作用。

吃中午饭的时候,有队员来跟我说,他昨天与珍妮弗沟通了,想在走航期间开船载流速流向剖面仪(ADCP)。因为之前已再三强调了外事纪律,所有专业层面的事情均通过我跟加方联系。若考察队员个人可以直接跟外方商议而考察队不掌握的话,就乱套了。在晚上 6 点的队务例会上,我将此作为一个问题提出,队上最终决定关闭 ADCP。会后我在驾驶台、实验室和考察队员餐厅都没有见到珍妮弗,就委托在实验室的埃丝特尔转达。

下午 3 点,北极大学授课第 10 讲和第 11 讲,分别由来自中国极地研究中心的李群副研究员和自然资源部第一海洋研究所的马小兵研究员做《北冰洋气-冰-海相互作用物理过程研究》和《海洋温差能开发利用研究情况介绍》的讲座。其中,前者主要介绍了海冰在不同时间尺度和区域的变化,以及对我国天气影响的作用和机制;后者介绍了海洋温差能特点,如储量大(占我国海洋能总量的 90% 以上)、发电稳定并波动小,在海洋能量里属于高密度能源,综合利用价值大。

巴芬湾区块测线调查(8 月 31 日 12:25 至 9 月 1 日 14:25)

11:30 左右遇见"Mitiq"号货船（背景为加拿大巴芬岛群山）

慰问机舱工作人员（牛巧刚 摄）

每日一题 加拿大北极群岛

加拿大北极群岛是指加拿大北部众多岛屿的总称，共有 36 563 个大小岛屿组成，其中面积超过 130 平方千米的岛屿有 94 个，最主要的岛屿包括巴芬岛、维多利亚岛和埃尔斯米尔岛，面积全球排名第 5 位、第 8 位和第 10 位。从东到西伸展 2400 千米；南起大陆北缘、北至埃尔斯米尔岛北端的哥伦比亚海角，延伸 1900 千米，陆地面积约 140 万平方千米。属大陆岛，第四纪冰期后海平面上升，与大陆分离。总人口约 1.4 万人，人口密度为 1 人 /100 平方千米。

地形有平原、低地、高原、山脉等。在地质上分为两大部分：北部造山区和南部中央稳定区。北部各岛地势较高，为古生代褶皱山区，由花岗岩和片麻岩构成，以山地和高原为主。埃尔斯米尔岛上的巴比尤峰（Barbeau Peak）海拔 2604 米，是群岛最高峰。群岛南部构造上属加拿大地盾向北延伸部分，主要是花岗岩、片麻岩和片岩；地盾上的沉积岩形成地盾北部和西北部的狭长地带，其中有石灰岩、白云岩、页岩、砂岩、石膏和火山岩，地势西高东低，以高原、平原为主。其中，巴芬岛、德文岛和埃尔斯米尔岛的东海岸都是山岭和高地，形成隆起的东部边缘，逐步向西低落，一直到西北边缘的北极海岸平原。

除巴芬岛南部和位于哈得孙湾内的一些岛屿外，均位于北极圈内，气候终年严寒，年降水量在 200 毫米以下，自然景观为苔原带。11 月至翌年 4 月天气最冷，南方平均气温 −29℃、北方为 −34℃，最低气温可达 −57℃。夏季气温通常在 7℃以下，偶尔也会超过 21℃。5 月融雪，7 月开冻，8—9 月南部海峡可以通航。因自然条件严酷，绝大部分矿产资源尚未开发。

动物有北极狐、狼、貂、北极熊、驯鹿、麝牛、北极兔和旅鼠；鸟类仅雪鸟和雪鸮等少数为本地种，其余均为候鸟；鱼类最主要的是北极红点鲑鱼；群岛上没有爬虫类和两栖类动物，但有不少双翅目的昆虫。有 325 种显花植物生长在这个地区，如禾本科植物、薹属植物、灯芯草等；低等植物有蕨类植物、马尾、苔藓和水藻等；很少有高等的单子叶植物，只有低矮的桦树和几种柳树生长在南部诸岛，其中仅有一种柳树可分布到埃尔斯米尔岛北部。

北极群岛深入北极圈内，全年大部分时间冰冻，居民主要集中在南部一些岛上。几千年来，这里都是因纽特人生活的地方，16世纪起大批欧洲探险队长时间在这里寻觅一条穿过群岛通向东方的西北航道，因此发现了许多可以居住的地点，人口才稍有增加。

群岛除西部的维多利亚岛西部、班克斯岛等极少数地区外，大部分在行政上隶属努纳武特地区。努纳武特在因纽特语中是"我们的土地"之意。这是于1999年由原本西北地区的东部分出来的，是加拿大省行政区之中最晚成立、具有原住民自治性质的独立行政区，85%的人口为因纽特人。努纳武特地区的首府为位于巴芬岛南部的伊卡卢伊特。

加拿大北部共有3个行政区，由东往西分别为努纳武特地区、西北地区和育空地区，2011年统计的总人口仅有10.7万人，2019年为12.5万人。

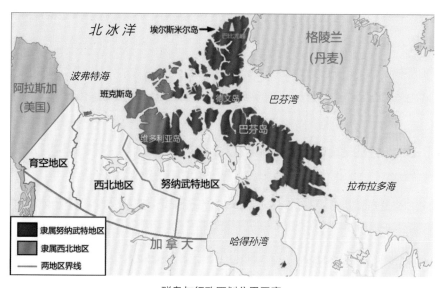

群岛与行政区划分界示意

09 月 01 日　巴芬湾测区勘测

早上徐韧领队找到陈永祥和我，商量了几件事情：宣传稿的拟定和审核，记者稿件的审核；而原定明天包饺子活动推迟到 5 号下午 3 点钟，作为加拿大科学家的送行宴主食。而后去了物理实验室了解勘测结果。据值班的杨春国介绍，该区块有两个凹槽结构，通常应该是凹槽口水深较深，但推测是由于水流运动缓慢，沉积物反而在凹槽口堆积，越堆越厚，从而形成目前所观测到的凹槽口水深反而较浅的结果。另外，在水深较浅的地方，海底有明显的冰川运动留下的刮痕。

阴雨天气，昨天能见到的巴芬岛山峰已完全被远处的云雾所笼罩，但海况还可以。气温约 2℃，风速在 9 米 / 秒左右，海面基本平静。"雪龙"号航速为 15 节。中午 12 点 30 分，加拿大巡逻机飞越上空。下午 2 点 25 分，"雪龙"号完成全部 5 条测线（72°12.96′N，72°37.53′W），向兰开斯特海峡进发。

下午 3 点，北极大学授课第 12 讲和第 13 讲：分别是陈国庭医生的《医学急救和运动损伤》和央视袁帅的《摄影中的那些事儿》。前者为急救 C-B-A 课程：30+2，按压 30 次加 2 次人工呼吸，交替进行；主要口诀为一看、二判、三扫视、四呼、五定、六压、七开、八吹、九检查，30+2 要牢记。后者介绍了有关摄影的一些基础知识，如 TV 档为快门优先，AV 档为光圈优先，而 M 档则为光圈、快门、感光度全需手动调节；构图包括平衡式构图、对角线构图、九宫格构图、框架式构图、斜线式构图、向心式构图（放射式构图）和三角形构图。

晚上打篮球和乒乓球的人很少，全在科考队员餐厅练习"5、10、K"扑克玩法，共有 6 桌，加上老外掷骰子的 4 人组，共有 7 桌。按领队的说法，比吃饭的人还多。昨天晚上在餐厅打牌，没有见到老外，他们前几天都玩得很晚，中午的时候我问了珍妮弗，为什么没有玩。她说玩过，结束了。她其实是担心太吵，我说没有关系。于是今天晚上又见到他们了，如今还加了奈杰尔。我去了篮球场，仅谭琦和李伟在投篮；去乒乓球台那儿，仅电工丁峰和二管轮李文明在。后来领队和沈权来了，但领队不打。后来加上我、李伟和杨清华，最后凑了3组进行比赛。丁峰他们走后，我和沈权组队以3∶1的比分打败了李伟和杨清华而结束。

深夜11点多，发现窗外有晚霞，就去了驾驶台。右前方层次分明：上层为乌云、中层为光、下层是深邃的海水。只有光，见不到太阳，应该已经落山了。一开始除了船员就我一人，后来郁琼源、沈权、敖雪、刘凯和陆茸均上了驾驶台。

半夜23点25分，"雪龙"号接近兰开斯特海峡口，此时航速14.7节，气温0.7℃，相对湿度85.8%，风速7.9米/秒，能见度17.54千米，水深850.6米。

船时晚上8点时通知拨钟，回拨到晚上7点，这样船上用的是西5区时间，与国内的时差为13个小时。

远处漂浮在海面的冰山

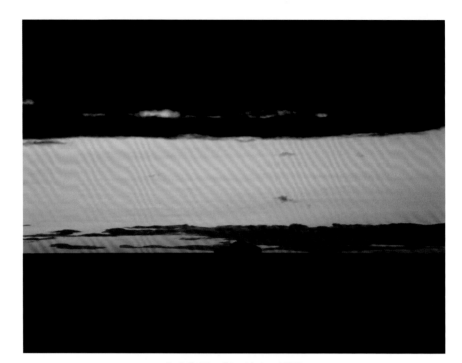

午夜的云－海－冰山－霞光

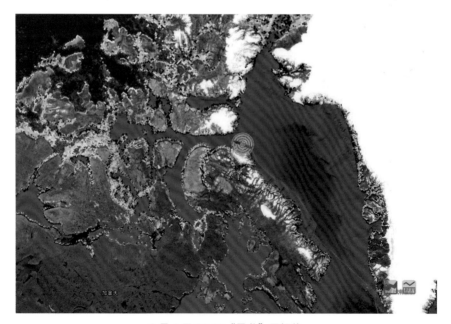

9月1日23:25 "雪龙"号船位

每日一题 加拿大北极地区有哪些资源？

    加拿大北极地区尽管一片荒芜，但资源极为丰富。实际上，矿产和油气的开采已成为加拿大北极地区经济发展的基石，也是建设繁荣原住民和北方社区的关键。

    加拿大北极地区（主要集中在西北地区大陆一侧）的钻石开采现已发展成为一个年产值 20 亿美元的产业，这几乎占到该地区经济的半壁江山，也让加拿大一举成为全球第四大钻石生产国。麦肯齐天然气项目估计产值将超过 160 亿美元，该项目采用了让原住民参与的新开发模式，使原住民社团直接受益。而波弗特海较深水域的石油和天然气勘探，目前也得到了加拿大政府的支持。

巴芬岛米尔恩港
引自 https://miningnorthworks.com/mary-river/

而巴芬岛铁矿公司位于北极群岛巴芬岛东北部的玛丽河矿区是世界上最北的矿山之一，也是迄今为止发现的最富铁矿床之一，由 9 个以上的高品位铁矿床组成。矿体全部露出地表，露天开采成本很低。巴芬岛与其他许多矿山不同的是，它在现场对矿石进行粉碎和筛选后运往市场，无须再浓缩。2007 年评估储量高达 60 亿吨，平均品位高达 65% 以上。加工不会产生尾矿。

1962 年 7 月，玛丽河的高品位铁矿石——现在被称为 1 号矿床被发现。巴芬岛铁矿公司于 1986 年开始对该地进行勘探和开发，2015 年正式运营，2018 年获准提升开采规模至 600 万吨 / 年。玛丽河矿区的铁矿石用卡车通过一条 100 千米的公路运送至矿区北部的米尔恩港。到达港口后，矿石将临时储存在仓库。然后在 7—10 月的夏季无冰季节，通过散货船运送到欧洲港口，供欧洲的钢铁厂使用。

顺便说一句，在 2009 年国际金融危机期间，巴芬岛铁矿公司股价大跌，资金难以为继，中资公司曾有机会参与对矿区的收购。但由于对初级勘察阶段结果的犹豫不决，矿区被安赛乐米塔尔和美国一家企业收购。

需要说明的是，虽然加拿大北极地区已启动了一些大型项目来开发矿物、石油、水力和海洋资源，但北极地区自然资源的潜力仍是未知数。因而，加拿大政府宣布了一项新的重要地理测绘工作：能源和矿产地理测绘。该计划将结合最新技术和地球科学的分析方法建立对加拿大北极地区地质的系统认识，查明矿产和石油的潜在分布区域，进而引导更有效率的私营企业勘探投资，创造北极地区的就业机会。

09 月 02 日　兰开斯特海峡航行

今天"雪龙"号航行经过兰开斯特海峡、巴罗海峡和皮尔海峡，这是北极西北航道景色最优美的一个航段。其中前两个海峡是北极西北航道主航段的共同海峡，南线则往南拐入皮尔海峡，中线和北线则继续往西走，而兰开斯特海峡也是加拿大设立的面积最大的海洋保护区。整个行程中，海冰主要集中在皮尔海峡，海冰密集度为 1 ～ 2 成、厚度为 1 ～ 2 米，巴罗海峡仅有少量的海冰出现，沿途没有发现冰山。

凌晨 1 点 02 分，"雪龙"号进入兰开斯特海峡（74°6′54″N，79°42′28″W），水深为 826.5 米。其北侧为文德岛，南侧为拜洛特岛和布罗德半岛。上午 7 点天晴，但室外温度不到 1℃。由于这一航段"雪龙"号向西航行，太阳出现在船的艉部方向。海峡两岸山峦叠嶂，山上有明显的积雪。受地质年代和冰川运动的影响，该地山川地层分层明显，陡峭度不一，导致有的地层有积雪有的则没有，给山川陡增壮美景色。在没到该地前，加拿大冰区领航员曾说这一带北极熊很多，应该能见得到。但船基本上是沿着海峡的中线走，离岸实在太远了。我在"雪龙门户网站"航行动态软件中粗略地量了一下船到岸的距离，至少有 18 海里（30 多千米），这哪能见得到熊啊？后据了解，该海峡口南侧的科洛特岛是加拿大的国家公园，也是旅游必经之地，其主要项目就是观熊。

上午 8 点左右，太阳照在雪山上，格外漂亮。大家的兴奋劲被调动了起来，驾驶台挤满了考察队员。各型的相机、不同的镜头、各型的手机，驾驶台简直成了摄影"武器"的展示台。昨天的北极大学上，来自央视的袁帅给大家讲解了摄影技术，大家正好能用得上。8 点 20—50 分，还停船做了一个声速剖面测量，给大家创造了额外的机会进行全方位拍摄。美美的人儿、美美的景，大家一阵的摆拍。由于天气很棒，考察队还组织在 1 号舱盖上进行了考察队员的大头照拍摄，这些照片将附在考察队画册的最后。珍妮弗是个活跃分子，也跟着我们到了舱盖，与不少队员合影留念。气温不高、风大，在舱盖上时间久了还是会觉得冷。下午，太阳藏了起来，天空布满云层，在航行到巴罗海峡中段时海面出现了零星的海冰。

在下午 6 点的队务例会上，徐韧领队带来了一则消息：中国极地研究中心杨惠根主任陪全国政协副主席万钢在北极黄河站所在的斯瓦尔巴

兰开斯特海峡风光

群岛调研，并转达了他对考察队的问候。朱兵船长则表扬了加拿大冰区领航员，说他非常尽责，在每天规定的时间内（12小时）均会在驾驶台，晚上也是。

晚上考察队在科考队员餐厅举行了"5、10、K"扑克比赛的开幕赛，餐厅内挤得满满的，加上正在玩骰子游戏的加拿大4人组，热闹非凡。我没有报名，队务例会后先打了一会儿乒乓球，后到餐厅观战，替陈永祥参加了比赛。但在闯过第一轮后，在第二天的第二轮中败下阵来，这是后话。

今天地球物理调查共完成了560千米测线勘测和一个声速剖面测量。另据"雪龙"号航海日记记载，下午4点10分至6点，有加拿大军舰尾随；下午3点有加拿大巡逻机从上空经过。

兰开斯特海峡风光

今天的基础环境为：上午6点51分，兰开斯特海峡，晴，气温0.8℃，相对湿度72.7%，气压1006.0百帕，风速13.7米/秒，能见度15.79千米，水深550.8米。下午2点32分，巴罗海峡，晴，气温−0.1℃，相对湿度99.9%，气压1009.0百帕，风速13.6米/秒，能见度15.87千米，水深335.2米。晚上11点21分，皮尔海峡，气温−0.5℃，相对湿度100.0%，气压1010.0百帕，风速7.3米/秒，能见度18.52千米，水深340.4米。这一航段后半段因海冰的出现，气温有所下降，风速有所减小，相对湿度增加，整个航段能见度相对较好。

晚上拨钟，从晚上8点回拨到晚上7点，采用西6区时间，与国内的时差为14小时。

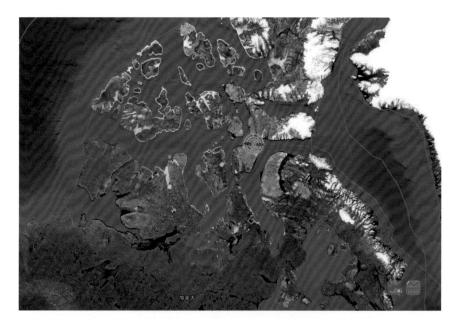

9月2日14:32"雪龙"号船位（巴罗海峡）

9月2日17:00左右在皮尔海峡遇见的冰带

兰开斯特海峡与海洋保护区

兰开斯特海峡（Lancaster Sound）位于加拿大努纳武特地区——巴芬区中北部，长 320 千米、宽 64 千米。北边是德文岛，南边是巴芬岛。所有从大西洋经过加拿大北极群岛通往太平洋的航线，都要穿过这个海峡，因而兰开斯特海峡也是西北航道的门户。该海峡于 1616 年由英国航海家威廉·巴芬发现，他以这次探险的资助人詹姆斯·兰开斯特命名了此海峡。

兰开斯特海峡因丰富的生物多样性和大量的海洋生物，成为北极一个独特的海洋生态系统，是一角鲸、北极熊、海豹、海象和无数迁徙鸟类的家园。海峡冰间湖（冬季期间受风或流影响形成的无冰海域）是海洋哺乳动物的重要觅食和越冬之地。白鲸和弓头鲸在此地觅食，其中弓头鲸数量高达 6500 头；一角鲸占全球的 75%。北极熊的兰开斯特种群是全球第二大高密度北极熊之地，密度为 5.36 头 / 1000 平方千米，它们在夏季会在岸上活动。数百万只候鸟来此繁殖后代，加拿大东部当地鸟类的 1/3 在此繁殖后代。

奇克塔尼因纽特人协会——一个旨在提升巴芬岛及其周边因纽特人权益的地方因纽特群体，多年来一直呼吁政府对这一地区采取保护措施。由于玛丽河谷的铁矿开采，附近位于拜洛特岛和巴芬岛北部的依克利珀斯（Eclipse）海峡航行船舶逐年增加，2014 年为 10 艘、2015 年为 34 艘，2016 年为 78 艘，而未来将增加到每年 160 艘船只通过。

加拿大政府于 2017 年 8 月 14 日宣布在兰开斯特海峡建立海洋保护区（名为 Tallurutiup Imanga），从而成为该国当时最大的海洋保护区。保护区面积为 10.9 万平方千米。此时距因纽特人寻求对该地的保护已超过 30 年。之前，加拿大北方战略已把该保护区纳入范畴："我们正在加强保护海洋环境，包括鱼类及其生存环境。海洋保护措施的一个重点是建立兰开斯特海峡海洋保护区，这是环北极地区中具有最重要生态意义的海洋区域。"

但政府目前的保护计划仍不能满足因纽特人提出的保护目标，因为在峡口区仍允许油气开采。按因纽特人的标准，未来应完全停止向海洋倾废和油气开采，同时应提高未来航运的环保标准。

值得一提的是，为加强海洋保护（当然也可能有觊觎北冰洋中央区的目的），2019年8月，加拿大政府在埃尔斯米尔岛北部200海里专属经济区内设立了一个31.9万平方千米的海洋保护区。

（注：海洋保护区资料引自加拿大地理网等相关网站）

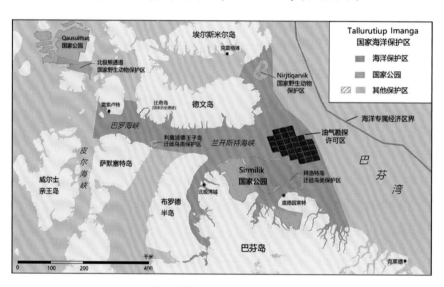

兰开斯特及周边保护区示意图

09月03日　维多利亚海峡航行

今天"雪龙"号经过富兰克林海峡和维多利亚海峡，是整个航道中冰情较为复杂的一个航段，我也是经历了参加北极考察以来的第一次冰区夜航。据人工观测记录，"雪龙"号在富兰克林海峡穿越的最密集区海冰约为7成，多年冰则比预计的要多。下午起雾了，能见度不足1千米，由于海冰并不多，船速仍能维持在8节左右。

昨晚11点多，从冰图上看应该是进入冰区了，但似乎并没有听到船触碰海冰的声音，觉得有些好奇，就上了驾驶台。二管轮邢豪当班，他说前面就有海冰。顺着船头的方向看去，在暗黑的夜色下，前方天际线附近隐隐发白。而随着船的行进，白色斑点变得越来越明显。凌晨0点36分，"雪龙"号开始进入冰区。白色的斑点变成了一片片漂浮的海冰。"冰区夜航"，这是我第一次听到这个名词，由于参加的北冰洋考察都是在夏季，主要的考察区域在北冰洋中心区。因为是极昼，不存在冰区夜航一说。之前的考察回去比这次要早，尽管到白令海峡附近也会碰到晚上，但这时已是远离冰区了。"雪龙"号减缓了行进的速度，并打开了探照灯，两道巨大的光束投向海面，浮冰因反光，在深邃的海空中分外显眼。亲历冰区夜航，还是感觉有些兴奋。

天亮后，"雪龙"号驶入了富兰克林海峡相对密集冰区。从冰图上看，富兰克林海峡、麦克林托克海峡和维多利亚海峡交汇的地方是西北航道主体段海冰最为密集的海域，过了这一段，就没有海冰了。由于在漫长的中央航道穿越过程中，大家都没有见到北极熊，这一区域便是"硕果仅存"的希望之地，大家都期盼着能在这一区域见到北极熊。

吃完早饭上驾驶台，那里已集聚了很多人，大家一边闲聊，一边密切关注着海面上的动静。由于进入冰区后人工海冰观测开始，来自国家海洋环境预报中心的李春花研究员凌晨3点多就上驾驶台，4点开始值班。她跟我们讲，她已拍到北极熊，离"雪龙"号很近。"雪龙"号还特意避让了一下。我没去看视频，但据领队讲，所拍的海豹是可以看得很清楚的，但北极熊并不清楚，见到的只是一个黑乎乎的额头在海面上漂浮。就算这样，在"雪龙"号的航海日志上却有见到北极熊的记录。我们自然不买账，开玩笑说得组织专家组鉴定一下到底是不是北极熊，我还跟领队开玩笑说是否上午的临时党委会改到驾驶台来开，这样就不会错过任何见到北极熊的机会了。

上午8点30分，临时党委委员开会，审议修改纪念封内容。10点07分，大家正认真讨论着呢，突然听到"雪龙"号广播通知，说在右舷方向发现北极熊。没等领队发话，所有人立刻起身冲了出去。我也迅速回到房间，一刻也不耽误，抓起带长焦镜头的相机就冲上驾驶台。驾驶台已聚集很多队员。我顺着大家看去的方向，在很远的冰面上见到了北极熊。就是我这样的老队员，心里也是有些激动，更不用说首次参加北极考察的科考队员了。只见在很远的一大片浮冰上，有两个小黄点在移动。太远，根本看不清细节，只能顺着这一方向不断摁下相机快门，生怕不抓紧的话北极熊就入水了。不少人拿着望远镜在看，更多的人在拍照。两头熊逐渐走到了冰块边缘，一前一后入水。我回看了一下相机里的记录，只有在放大后才看得清是一母一子。这时央视的袁帅正急匆匆地换了个长焦镜头赶过来。我以为就此结束了呢，过了一会儿，就有人喊"又出来啦，又出来啦"。只见这两头熊爬上了另外一块冰继续前行，我又抓紧拍了几张。这次的海冰比较小，不一会儿，熊就入水不见了。这时队员们纷纷抱怨没有带个好的长焦镜头。不过无论如何，这次与熊远距离的观望，总算弥补了大家这么多天来的一个遗憾。这次新队员也不少，之前的每次考察都能见到熊，第三次北极科学考察长期冰站作业期间北极熊更是整天围着"雪龙"号转悠。本次考察一切都挺顺利的，还有成功穿越中央航道的意外收获，唯一的遗憾就是没见到北极熊了。按我原先的预计，应该是见不到北极熊了。

看完熊，大家还得回到五楼会议室继续工作，并且由于上午没有讨论完，下午1点30分会议继续。

晚上6点的队务例会上，徐韧领队对后续要完成的任务进行了归纳：（1）技术规程：在原有技术规程的基础上，加冰区特点即可，6日交；（2）实施方案细化：实际做的与原方案有较大的调整，也是6号交；（3）管理文件汇编：有的已有，有自己特点的要组织补充；（4）航次总结：15号出初稿，25日出正式稿；（5）考察报告：考察结束前完成海上部分的总结，回国后给3～4个月的时间完成数据分析和评价内容。尽管潜器已做了很多，任务还有不少！

在调查作业方面，今天凌晨4点开始海冰的人工观测；8点45分至9点完成一个停船声速剖面观测，并完成458千米测线的海底地形勘测。

晚上拨钟，从晚上8点拨回到晚上7点，采用西7区时间，与国内的时差为15小时。

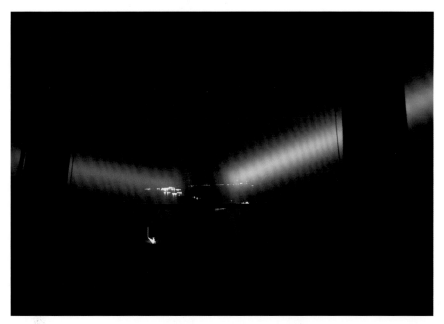

9月3日零时许"雪龙"号冰区夜航

富兰克林海峡东侧布西亚半岛

考察队在富兰克林海峡后半段偶遇北极熊

9月3日12:36 "雪龙"号船位（富兰克林海峡，红圈为见到北极熊之地）

富兰克林的北极探险之旅

今天非常幸运，考察队能在富兰克林海峡偶遇北极熊，大家不再留有遗憾。这个海峡，是以英国著名的北极探险家富兰克林的名字命名的。

谈到西北航道，必定会提富兰克林的北极航道探险之旅。在这之前，他已有多次北极探险的经历。1845 年 5 月 19 日，富兰克林率领 128 名船员搭乘 "埃雷布斯" 号和 "恐怖" 号，离开英格兰由东向西穿越西北航道。英国海军部原本希望，两艘船在成功绘制西北航道图后，能在一年内抵达白令海峡。

1845 年 7 月 26 日，捕鲸者在巴芬岛海岸偶遇这支探险队，然后他们神秘地消失了。英国陆续派出了多支救援队，但一无所获。直到 14 年后的 1859 年，一只救援队抵达兰开斯特海峡西南的威廉王岛，发现了部分船员骨架，并在另一处找到了一张日期为 1848 年 4 月 25 日的便条，记录了富兰克林和其他 23 人已死亡，船只被困在冰层中长达 18 个月，幸存者正弃船并试图往南穿越陆地。后续探险队发现了更多的线索：一个废弃的雪橇，两具骨架和许多私人物品，还有来自当地因纽特人的描述，才慢慢还原了这支探险队当时大致的艰难历程。

1845 年：第一年

探险队的船只从巴芬湾向西航行，进入兰开斯特海峡。那年的北极夏季特别寒冷，浮冰多，船只前行极为缓慢，富兰克林和他的船员们最后不得不在兰开斯特海峡西北侧的比奇岛过冬。该岛目前已是加拿大国家遗址公园，岛很小，只有 2.5 千米宽，现保留有 4 座坟墓，其中 3 座来自富兰克林的探险队，1 座来自 19 世纪 50 年代后期的救援队。后来的尸检结果表明，这 3 名船员死于肺结核。

1846 年：第二年

随着第二年春天海冰的解冻，绘制完康沃利斯岛地图后，探险队向南穿过皮尔海峡。当时，"埃雷布斯" 号或 "恐怖" 号上的任何人都不可能知道，他们正驶入死亡陷阱。由于航行方向与海冰和冰山漂流的方向一致，冰的积压让它们再一次被困在冰中。1846 年 9 月 12 日，船舶在威廉王岛附近海域抛锚，为确保安全，船员们转移到威廉王岛上扎营过冬。

1847 年：第三年

尽管春天的融冰期已经到来，但船舶航行仍受一定的限制。在皮尔海峡的尽头，他们没有选择向西，而是继续向南，结果遇到了更多的海冰堆积，他们的行动变得更为缓慢。船员们想尽一切办法开道，用斧头、大锤、凿子和冰锯，甚至用上了火药，但收效甚微。他们开始失去希望。5 月 24 日，一队 8 人离开岛上的冬季营地，并试图探索和绘制该岛地图。但不幸的是，富兰克林于 6 月 11 日去世。

1848 年：第四年

由于海冰持续不融化，探险队在 1847—1848 年间一直被困在威廉王岛上。至 4 月，除富兰克林外，另有 23 人死亡。后来的尸检结果显示，他们死于坏血病（维生素 C 缺乏病）、肺结核、肺炎、失温和铅中毒。此后，105 名幸存者拉着装满食物和物资的救生艇和雪橇，开始了向南的自救跋涉之旅。由于缺水、严寒、暴风雪、食物匮乏，以及从冻伤到坏血病（维生素 C 缺乏病）、铅中毒和肺炎等各种疾病的折磨，他们逐渐从当地因纽特人的视野中消失。

尝试南下之后的故事没有记录，主要根据当地因纽特人的描述来还原。

他们进行了多次的南下尝试，均以失败告终。1849 年冬天，因纽特人目睹过据说是"恐怖"号船长克罗泽的军事式葬礼，见到过 40 个人身后拉着橡皮艇的小分队，也遇到过一个尸体遍地的营地，并推测出现了人吃人的悲惨现实，这一说法也被后来的尸检所证实。到 1850 年夏天，海冰终于融化。幸存的船员试图让"埃雷布斯"号再次移动，但他们几乎都死于饥饿和疾病。因纽特人发现这些人都死在了船舱里。此后，1851 年，因纽特人报告说，还有 4 名男子在狗的陪伴下西行，他们被认为是富兰克林探险队当时最后的幸存者。

在2014年9月，加拿大公园的一个搜索小组在毛德皇后湾内11米深的水域中发现了"埃雷布斯"号的沉船。两年后，另一个团队在该残骸位置的西北部深水中发现了几乎完好无损的"恐怖"号沉船。视频显示，该沉船似乎停止在了沉没的瞬间：完整的船舱、一排整齐堆放的文物，以及关着的抽屉和橱柜，也许在那些门后或抽屉里会有重要线索：一张地图、一封信、一本日记。在将近200年的时间里，"埃雷布斯"号和"恐怖"号的命运一直是个谜。也许这个谜底，就隐藏在沉船之中。

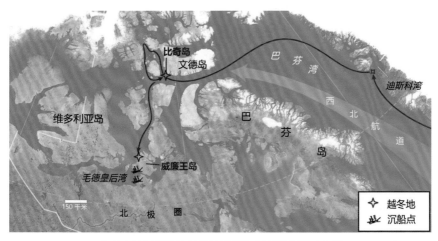

富兰克林探险队航行轨迹及越冬和沉船位置示意图
引自 https://blog.geogarage.com/2020/10/arctic-shipwreck-frozen-in-time.html

富兰克林探险队——被当时的人们认为准备最充分、储备最充足、技术最先进的极地探险——在维多利亚时代是一次可怕、悲惨和难以置信的失败。但回头分析，这个失败也许在出发前就注定了：

（1）船舶动力不足

尽管两船非常坚固，也到访过南极，但它们都是用来发射迫击炮弹的战舰，笨重而且重心低。这种船适应大风大浪的南极海域，但机动性差，并不适合在岛屿多、航线复杂、水深较浅的西北航道航行。两船也没有配备船用发动机，而是配备了为火车提供动力的小型蒸汽机车发动机，并且预计 3 年的航行仅配备了 120 吨煤炭。按 10 吨／天用量计算，预计仅可用 12 天。正因为如此，发动机几乎从未使用过。

（2）食品问题

富兰克林探险队使用的食品和饮料罐密封性差，导致了变质、渗漏和营养价值的损失。由于严重缺乏维生素 C，船员们开始患上所有海员都极度恐惧的一种疾病：坏血病（维生素 C 缺乏病）。当食物（尤其是肉类）变质时，产生的肉毒梭菌会导致船员肉毒中毒，可能导致视力和语言障碍，并产生疲劳等症状——而所有的这些症状都会因北极的严寒而加剧。另外，当时罐头是用铅来封口的，导致不少人铅中毒。

（3）导航问题

由于纬度高和磁极一直在移动，罗盘无法使用。探险队只能通过地图、星星和太阳的位置来指路。但在北极不总是能见到太阳，导致寻找路线的效率低下。加上没有精确海图的指引，每一次航行方向改变都只是推测的结果。因而，两艘船的航行没能有针对性地避开冰层，而是将自己困在了无尽的浮冰中，并且这些浮冰多年来一直都不融化。

09 月 04 日　德阿瑟海峡航行

今天，"雪龙"号途经毛德皇后湾、德阿瑟海峡和科罗内申湾，是水深最浅的一个航段。地球物理调查共完成了 340 千米的测线。

早上 7 点起床，感觉窗帘后透出了较为明亮的光，以为会是一个大晴天。结果，拉开窗帘一看，竟然是个大雾天，外面什么也看不见，就算近在咫尺的海面也隐匿在了漫漫的海雾之中。擦了擦窗户的玻璃，证实了确实是雾天，而不是玻璃上的露珠阻挡了视线。一般情况下，若舱室内外温差太大，舱室内的水汽就会在玻璃窗上凝结成露珠。7 点 30 分左右，海雾逐渐变淡，已能隐约见到右舷方向的海面和岛屿，但仍看不清细节。这一情况持续到中午，天气才逐渐转晴。

之前上午 8 点 30 分基本都会有临时党委会，审议专报等文字材料。

今天上午我原以为应该没事了，吃完早饭后就去了驾驶台。后来"雪龙"号二管轮邢豪跟我说，有人在张蔚房间给我打电话，但声音似乎不是张蔚的。我回房间后，张蔚通知说要开会。原来是沈权临时动议，由于国内对纪念封的图文材料要的急，需要尽快定稿。昨天上午已对相关文字进行了审定，今天主要是审配图，并确定了今天晚上要给材料。中文翻译成英文的任务让我负责，于是我让来自自然资源部第二海洋研究所的张涛和乐凤凤协助办理。

由于我晚上睡得晚，所以中午有午睡的习惯。我手机闹铃定的是下午2点，但下午1点20分左右，就在睡梦中被沈权给敲门叫了起来。开门一看，领队和贝西都在。沈权说在驾驶台听珍妮弗说她们将在剑桥湾镇下船。这是个非常意外的消息，因为原计划安排下午3点珍妮弗和奈杰尔在北极大学授课；另外，中午时我还跟珍妮弗商量好由她拟一个数据共享协议，明天上午10点在餐厅与高金耀一起对协议文本进行修改，英文翻译成中文，下午2点30分举行一个签字仪式。我还跟领队进行了汇报，确定签字仪式中方由徐韧领队、高金耀和张涛参加。另外，为了给他们3人送行，考察队还专门把原计划在3日的包饺子活动给推迟到了5日，也就是明天。

她们原计划是在西北航道主航段出口附近班克斯岛的萨克斯港下船。对于这次突然的计划调整，加方的解释是西北航道海岸警卫队船只很少，如果按原计划在萨克斯港附近水域接人，需专门安排船只。今天在剑桥湾镇正好有海军"703"舰到访，就临时决定让3名加方科学家下船。但这不影响对航道后半程环境的综合调查。于是考察队临时决定在五楼会议室为她们举行一个简短的欢送会。张蔚叫了媒体记者，中方领队、我、沈权和贝西参加。双方互赠了杯子，大家的思路竟出奇的一致。我们送的杯子印有"中国第八次北极科学考察"字样，而他们送的杯子，在杯底则印有"Made in China"（中国制造）。

远眺西北航道南线"重镇"——剑桥湾镇

大家都聚集到了驾驶台，因为这里的视野最好。天气已转晴，能见度很高。剑桥湾镇的球形卫星天线远远望去只有一个小点，但很醒目。距离还是有些远。加拿大的军舰下午 2 点出港，从开始的一个点逐渐变大，直到清晰可见，那是舰号为"703"的海军舰艇。船靠近的时候，我只顾拍照，而没有留意她们已下到右舷走廊准备登艇，而这时各层甲板上也汇集了不少前来送别的考察队员。

"703"舰很快就放下了橡皮艇，从之前的照片看，橡皮艇原来应该已挂在船舷边。橡皮艇很快靠到了"雪龙"号的舷边。站在驾驶台甲板上看不到橡皮艇，于是就下到了 3 层甲板，然后下到主甲板进行拍照。下午 3 点左右，加拿大科学家下船。橡皮艇离开的时候，我喊了一句"See you later"，她们也回了一句"See you later"。在欢送会的时候，珍妮弗解释了朋友再见一般不说"Bye Bye"，而是说"See you later"，就是希望虽然分开，但以后会再次见面。

今天没有安排北极大学授课，下午送走加拿大科学家后，我与刘焱光、钱伟鸣和陈国庭打乒乓球直到吃晚饭。晚饭期间，朱兵船长找到我说要我给中国极地研究中心刘顺林书记打个电话，解释一下3名加方科学家临时决定更改下船地点的原因。吃完饭我正在拟微信，顺林书记打电话过来了。由于要得比较急，我立刻着手草拟传真，在队务例会后完成并交与张蔚处理。晚上7点43分的时候，我收到顺林书记的微信，说传真已收到。

晚上去活动，来自国家卫星海洋应用中心的敖雪她们在打乒乓球，于是去了篮球馆。只有陈志昆在练习投篮，后来吴浩宇来了。投了会儿篮；想上来看看打乒乓球的地方，已没有人了，只能回房间。

极昼已经远离。天真的黑了！很黑。

加拿大"703"舰在剑桥湾镇附近接走3名加拿大科学家

每日一题 剑桥湾镇与加拿大北极村落

今天加方科学家下船前往剑桥湾镇。我最早知道该地是由于多年前加拿大计划把剑桥湾镇建设成为类似我国北极黄河站所在的挪威新奥尔松一样——一个国际北极研究社区。

加拿大北极区地域辽阔，但人口不足 13 万人，不到加拿大总人口的 1%，其中一半以上为原住民。而居住在加拿大北极群岛上的人口则更少。像剑桥湾镇这个有一定知名度的村镇，人口也不足 2000 人。这里我介绍一下那里几个有特点的村镇。

1. 剑桥湾镇（Cambridge Bay）

西北航道南部航线上的重要村镇，位于维多利亚岛东南部，当地因纽特语名为"Iqaluktutiiaq"，意为"捕鱼理想之地"。极夜时间为每年 11 月至翌年 1 月，极昼时间为 5—7 月。其中，7 月日平均气温为 8.9℃，冬季平均日气温可低于 −30℃。曾记录到的历史最高气温为 28.9℃，最低气温为 −52.8℃。该地是现代游客和考察船穿越西北航道最大的停靠点，同时也是历史上传统的狩猎和捕鱼之所，历史遗迹众多。镇以东 15 千米为 Ovayok 陆地公园。驯鹿、麝牛、北极红点鲑、湖鳟和环海豹等，仍是原住民的重要食物来源。

2021 年有人口 1760 人，其中因纽特人占 79.5%。当地电视频道有 9 和 51 等频道，提供互联网接入。镇上有 3 个教堂，分别为英国教会教堂、罗马天主教堂和五旬节派基督教堂。游客可从西北地区首府耶洛奈夫乘加拿大北方航空或第一航空每天的航班前往剑桥湾，并利用谷歌街景系统进行导航。

镇上的商业设施包括：北方商店、快餐店、合作社、邮局、保健中心、妇产中心、水暖电器店、燃油店、机械店、五金店、木供店、建筑公司和汽车修理店等。镇内有两家旅社和 3 家出租车公司。

作为实施北方战略的关键步骤，加拿大计划把该地打造成一个与挪威斯瓦尔巴群岛新奥尔松社区一样的国际北极研究社区。该社区基建投入为 1.4 亿美元，于 2014 年 8 月开工，2017 年 7 月投入使用。

剑桥湾镇鸟瞰

http://www.canadiangeographic.ca/article/chars-canadas-arctic-research-hub

2. 雷索卢特（Resolute）

雷索卢特在当地因纽特语中被称为"Qausittuq"，意思是"没有黎明的地方"，位于康沃利斯岛上，是努纳武特和加拿大第二偏北的社区。该社区有着极好的机场，常作为国际科学研究团队和北极探险队的大本营。2021年有居民183人，其中90%为因纽特人。当地商店售卖当地手工艺人制作的当地艺术和手工艺品、独特石雕和象牙雕刻，以及手工制作的传统服装。

1947年，加拿大和美国在这里建造了一个联合气象站和机场。1949年，加拿大在此建立了皇家空军基地。当时的人口由来自南方的军事人员、气象学家和技术人员组成。冷战期间，加拿大政府为维护战略主权把因纽特人从魁北克北部强行迁居到此，并取消了"不满意的话一年后可以回家"的承诺，因纽特人被迫滞留下来。加拿大政府为此于1993年举行听证会，并于2008年正式向因纽特人道歉。因其战略位置特殊，该地目前仍是加拿大军队至关重要的行动和军事训练基地。

该地周边设有不少公园，包括，（1）雷索卢特国家公园，于 2015 年 9 月 1 日建成，用以保护特有的生态系统。公园由巴瑟斯特岛北部和周边小岛组成，面积为 1.1 万平方千米。为典型的苔原环境，植被主要由地衣、苔藓，以及莎草、罂粟和虎耳草等草本植物组成，动物包括麝、驯鹿（北美驯鹿亚种）、北极狼、北极狐和北极熊。附近水域栖息有环斑海豹、髭海豹、海象、一角鲸、弓头鲸。鸟类有海鸥、贼鸥、雪雁、滨鸟等。（2）北极熊通道国家野生动物保护区，位于巴瑟斯特岛上、紧邻雷索卢特国家公园，一方面是保护北极熊的主要迁徙路线，同时还为麝牛、驯鹿、北极狐、环斑海豹和海象提供重要的栖息地。（3）图皮尔维克地区公园，为新开发的公园，有户外设施、帐篷垫和消防坑，机场有标志牌通往该公园。

夏季该地气温可超过 8℃，9 月开始下雪。12 月至翌年 4 月的冬季气温介于 −20 ～ −40℃ 范围内。这里的平均温度为 −13℃。漫长的冬夜从 11 月中旬持续到翌年 2 月。这里经常刮风，而且干旱，降水量有限。

雷索卢特鸟瞰

引自 https://www.sensesatlas.com/territory/resolute-bay-ralph-erskine-and-the-arctic-utopia/

3. 格赖斯菲约德（Grise Fiord）

格赖斯菲约德在因纽特语中被称为"Aujuttuq"，意为"永久冰封之地"，是加拿大最北的一个因纽特人村落（更北部的永久气象站和空军基地除外）。2021 年统计居民为 144 人，其中 94% 为当地因纽特人，是埃尔斯米尔岛上 3 个社区中最大的一个。它同时也是地球上最严酷的一个居住区，年平均气温为 −16.5℃，距北极圈的距离为 1160 千米。

公元 1700 年前，当地因纽特人放弃了这一地区。在格里斯峡湾附近的林德斯特罗姆半岛上，散布着考古遗址、房屋遗迹、帐篷圈、北极狐陷阱和坟墓，其中一些可以追溯到 4000 多年前。直到 1953 年，加拿大政府强行将因纽特人从魁北克省北部迁移之此，格赖斯菲约德才出现了现代因纽特人社区。

房子均为木质并建在平台上，以减少冻土季节性冰冻和消融对房屋结构的影响。狩猎仍然是多数因纽特人生活中的重要组成部分。地陪和舾装作业是很多家庭的重要收入来源，其他收入来自出售雕刻品、传统工艺品和服装。岛上没有道路，该地与外界的联络主要通过一个有 510 米长跑道的简易机场，需要具有丰富经验的机长来驾驶 DHC-6 双水獭飞机。当地的交通夏季用全地形车，而冬季则用雪地摩托车。大船每年一次为该地提供补给和油料，小船主要用于狩猎。1970 年加拿大贝尔公司在此设立了地球上最北端的电话交换机。

格赖斯菲约德有着壮观的峡湾和山区景观，同时具有丰富而独特的野生动物物种。环斑海豹是当地最受欢迎的食物。这里可以见到北极熊、髯海豹、竖琴海豹、白鲸，以及一角鲸群和晒日光浴的海象群，大量象牙海鸥、贼鸥、鹅、矛隼、三趾鸥和北暴风鹱在此筑巢繁殖。

随着人们来到埃尔斯米尔及其周边岛屿观赏壮观的北方野生动物，生态旅游正在发展。而高成功率和良好的战利品质量，使该地为期 12 天的北极狩猎之旅具有极强的吸引力。

4. 庞德因莱特（Pond Inlet）

庞德因莱特在因纽特语中被称为"Mittimatalik"，意为"登陆点所在地"，是一个位于巴芬岛北部、以当地因纽特人为主的小型社区。2021年统计的人口为1555人，人口密度为8.9人/平方千米。该地由英国探险家约翰·罗斯于1818年用一位英国天文学家的名字命名。最主要的经济来源是为政府服务，其他包括一些为社区和游客提供服务以及工艺品制作等。北极合作有限公司在此设有服务点，负责合同管理、物品分发，并为当地居民提供校车、住宿、建设、有线电视、百货等服务。玛丽河铁矿距该地西南/西部约160千米。

作为一个旅游目的地，庞德因莱特被认为是加拿大"北方的宝石"之一。庞德因莱特四周山峰环绕，拥有几十条冰川、可探险的冰洞和许多宏伟而风景如画的小湾，在陆地上旅行时可能遇到北美驯鹿、环斑海豹、一角鲸和北极熊等野生动物。

可以从伊卡卢伊特（Iqaluit）乘飞机抵达该地。该地海域有3个半月的无冰期，期间每周有艘班轮从蒙特利尔运送物资和食品到此。经过2500千米的路程，建材和食品价格相比南方就变得非常昂贵。四轮车和雪地摩托车是主要的交通工具。

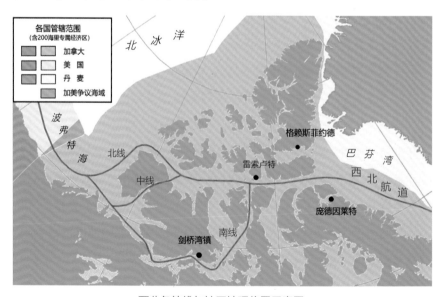

西北各航线与社区地理位置示意图

庞德因莱特属典型的北极气候，冬季长而夏季短。年平均气温为−11.1 ~ −18.0℃。气温最低的2月的日平均气温为−34.7℃，而气温最高的 7 月的日平均气温为 6.6℃。记录到的最高气温为 1991 年 7 月 11 日的 22.0℃，最低气温为 1979 年 2 月 12 日的 −53.9℃。

以上村镇均可以作为北极观光之旅的目的地。近年来，北极旅游人数不断增长。北极旅游可简单分为 3 种类型：极点探索之旅、夏季观光之旅和冬季享受之旅。

极点探索之旅：每年夏季，乘俄罗斯核动力破冰船一路破冰前往北极点旅游，循着探险时代的足迹，领略那个冰天雪地的别样情怀，体验探险家们的艰辛与气魄。好处是可以到达北极点，不足之处是沿途会比较单调，除了冰还是冰。夏季观光之旅：每年夏天，乘豪华游轮，从北欧出发，到丹麦格陵兰岛或挪威斯瓦尔巴群岛，或沿着我们这次穿越的西北航道，沿途感受海上日出、鲸群游弋、苔原风情，体验与北极熊相遇刹那的兴奋与震撼。冬季享受之旅：每年的冬季，前往美国阿拉斯加或北欧，在冬夜里欣赏深邃夜空中极光飘逸，感受大自然的优美与神秘。你也可以放飞自我，在"芬兰浴"后在雪地里边喝酒边观赏。

09 月 05 日　阿蒙森湾航行

今天"雪龙"号穿越多芬联合海峡和阿蒙森湾，预计明天凌晨 3 点左右到达波弗特海（实际到达时间为凌晨 1 点 50 分），其中阿蒙森湾是海域最为宽阔的一个航段。以多芬联合海峡为例，进入阿蒙森湾湾口最窄处也有 31 千米（约 17 海里）。昨天晚上经过的科罗内申湾岛屿间最窄处也有差不多 2 千米。中午天气变好，在阿蒙森湾已看不到两边的陆地。

早上 7 点，多云，见不到太阳，但气温已上升到 6.8℃，是本次考察在北冰洋经历的最高气温。到下午 3 点，碧海、蓝天、白云，北极考察迎来了难得的好天气，赶紧上驾驶台用广角镜头拍了几张照片。

下午在餐厅包饺子，感觉人不是很多。这次活动原本是为加拿大科学家们准备的，一是让他们参加一下活动，增进一下友谊，同时也是作为他们的送行宴。但计划赶不上变化，昨天下午他们就临时决定在剑桥湾镇下船，船上只剩下冰区领航员奈杰尔了。我们邀请他一起包饺子，我跟他不在一桌，但领队说他还包得蛮好的。之前我们已夸奖过他用筷子的手势很标准，不少考察队员反而不如他。他解释是在中餐馆吃饭时学会的。另外，他还喜欢吃辣菜，也就是川菜，像宫保鸡丁等，他就很喜欢。

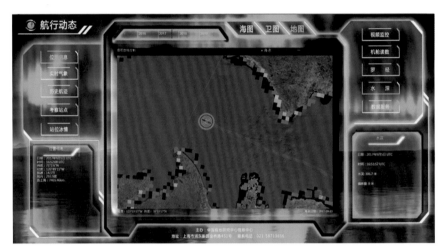

9月5日14:35"雪龙"号位置

这次包饺子我发现，不少北方人都不会擀皮子，两手拿滚子，擀出的皮子一样厚。机器擀饺子皮是压出来的，所以厚度均匀，这样在包的时候重叠部分就会比较厚。所以，手工擀皮子时，要求是边上薄中间厚，这样重叠部分就会与不重叠部分差不多一般厚。这样在擀的时候要求一手不停地转动皮子，一手用滚子。于涛说这是因为北方男人不太干家务，所以不会也很正常。这也许是一种可以接受的解释吧。

由于出西北航道和加拿大专属经济区后就要开始作业，我让来自自然资源部第一海洋研究所和第二海洋研究所的林丽娜和白有成做了一个初步计划，在出专属经济区后设一条断面到楚科奇海台，并在晚上的队务例会后让各队长和作业骨干留下来讨论。原计划是沿美国专属经济区外围设断面，但国家海洋环境预报中心陈志昆提供的天气预报是，若沿着原定方案走，可能会碰上8～9级风和3.5米的涌浪。最后讨论决定，在绕过专属经济区内的冰带后一直北上避风，行驶至75°N左右，才沿着75°纬线向西布设调查站点到楚科奇海台。

全队在科考队员餐厅包饺子

晚上打了会儿篮球。可能是因为气温较高的缘故，地特别滑。之前的几天打球还比较文明，今天大家拼得比较猛，我左胸结结实实地撞到了刘健的身上（当时还不觉得，但一周后身体拉伸等该处还会觉得疼，这是后话）。

今天采集了一个生物多样性表层样。地球物理完成570千米的测线，中午12点05分至12点30分完成了一个声速剖面测量。

晚上拨钟，从晚上8点拨回到晚上7点，采用西8区时间，与国内的时差为16小时。

"雪龙"号航行在阿蒙森湾

每日一题 西北航道适航性与商业利用

今天，"雪龙"号已到达了西北航道加拿大北极群岛海域中最为宽阔的阿蒙森湾，也就是说，"雪龙"号试航西北航道中最艰难的航段即将完成。

西北航道具体是指北美大陆北部沿岸经加拿大北极群岛水域和美国阿拉斯加北部水域、连接北太平洋和北大西洋的海上通道，相较于经巴拿马运河连接东北亚和北美东岸的传统航线航程缩短约20%。以上海至纽约为例，经巴拿马运河的传统航线航程约10 500海里，而经西北航道航程约8600海里，可节省约7天航时。随着全球气候变暖，北极海冰融化加快，航道通航的时间窗口也在不断延长。

尽管从15世纪就有探险尝试，但直到1906年挪威极地探险家罗阿尔德·阿蒙森和他的船员们才驾驶47吨的鲱鱼捕捞船"吉亚"号首次完整从海路穿越西北航道。尽管这是一次具有重要意义的"首次"，但并没有什么商业价值，因为这次航行总共花了3年的时间，并且选择的航线对于商业航行而言水深太浅。因此，在阿蒙森穿越西北航道之后的几十年里，很少有船只（平均每10年不到1艘）成功地完成整个航道。

在亨利·拉森下士的带领下，皇家骑警船"圣·罗克"号成为加拿大首艘穿越西北航道的船舶、首艘由西往东穿越西北航道的船舶（1940—1942年）以及首艘在同一季节穿越西北航道的船舶（1944年）。1957年，3艘美国海岸警卫队快艇沿着深吃水航线穿越西北航道，在64天的时间里航行了3900海里（逾7200千米）。1969年"曼哈顿"号超级油轮，由加拿大"约翰·麦克唐纳"号破冰船开道完成穿越，成为首艘具备大宗货物运载能力的船舶穿越西北航道。该航次是建设阿拉斯加油气管道替代方案的一次尝试，尝试的结果显示西北航道并不具备商业利用价值，由此阿拉斯加油气管道得以建设。

20世纪70年代末，由于破冰船和其他能够在冰区航行船只的增加，完成北冰洋航行的次数有所增加。80年代达到了每年4次。随着气候变化和气温变暖导致北极海冰融化，航道的适航性大大增加。2007年夏天，首次出现了整条航线无冰的现象。2009—2013年达到了每年20～30次，其中2012年共有创纪录的30艘船过境。2013年，"北欧猎户座"号散货船在破冰船护航下穿越西北航道，缩短了4天的航程，节省经费约20万美元。2014年由于夏季短暂寒冷，只有17艘船穿越了整个西北航道。2016年，豪华邮轮"水晶尚宁"（Crystal Serenity）号成为首艘驶过西北航道的旅游轮船，成为当时的头条新闻。

西北航道加拿大水域三条航线示意图

　　然而，这些航行主要源于执行海岸警卫队和研究任务的破冰船、游船和其他小型船只，以及拖船和补给船，其他包括一些油轮／燃料油轮、钻井船、地震探测船、电缆船和浮标船。自20世纪80年代末以来，运输量的增加很大一部分是由于拖船供应船的航运活动增加，其中一半具有破冰能力，涉及波弗特海的石油和天然气行业。并且，通过西北航道航行的绝大多数船只都选择了南部航线。

　　科研人员利用模型评估了西北航道未来的夏季适航时段，结果显示，到2040—2059年将变得更容易通行，到21世纪末，沿西北航道自由通行的时间可能从目前的2个月增加到4个月。利用北极航道与通过巴拿马运河或南美洲南端相比，大多数航程的过境距离将至少减少7000千米。距离的缩短节约了运输时间，并显著降低了运输成本。成本降低对航运公司具有吸引力，使无冰西北航道的利用前景被看好。

当然，航道利用受多重因素的影响，首先是商业成本问题。尽管运输时间上减少了，但目前的开通时间仅为两个月，并且就这次"雪龙"号试航来看，即使是南线，局域可能还是会有海冰存在，这意味着商用船舶仍需要有一定的抗冰能力，并且使用时间只有两个月。若具有抗冰能力的船去无冰海域航行，运行成本（如燃油消耗）不如一般商船。

其次，当地生态环境较为脆弱，因而人类活动的增加，包括航行期间燃油的废气排放、废水排放和垃圾等，都会影响当地的生态环境。而未来潜在的高环保要求，同样会提升航运的成本。

与此同时，目前各国之间还没有就谁能通过西北通道、谁不能通过西北通道达成一致。大多数国家都对西北航道的所有权形成了自己的观点，就连居住在加拿大的因纽特人也对西北航道的所有权有不同的主张。加拿大关于西北航道的政策是，西北航道是其内水的一部分，因此需要控制其水道。许多其他国家反驳了这一论点，即根据《联合国海洋法公约》，西北航道应该是一个国际海峡，因为它连接两个主要水体。

总体而言，西北航道的适航性和商业利用不如东北航道。

"水晶尚宁"号豪华邮轮在北极

09月06日　波弗特海航行

　　早上，我没有去吃早饭，烧了点开水，将蜂蜜加矿泉水和开水调成蜂蜜水喝。8 点 30 分通知媒体记者开会，领队让我介绍一下情况和要求，我已把原来的新闻通稿根据极地考察办公室的要求修改了，大家就在修改稿的基础上进行了完善。央视记者牛巧刚竟然说前几天刚发的一瓶 500 克的冠生园蜂蜜已基本吃完了，速度真够快的。

　　领队说船长已制订了航线计划，为绕过冰带，将进入 200 海里专属经济区美加有争议的海域（加拿大要求按国境线延伸、美国要求按海岸垂直线划界，因而形成一个倒三角争议区，见 09 月 04 日每日一题的附图），然后北上。在进入有争议海域前，多波束测深系统要关闭，等进入北冰洋公海后再打开。早上媒体记者会结束后，去了实验室，赶上地球物理调查队的人员正在做声速剖面。

　　上午 10 点左右，出现了大雾。"雪龙"号在冰带边缘行驶，出现了大量细碎的海冰，气温已下降到 −0.5℃，与北极航道后半程近 7℃的气温完全不可同日而语。10 点 30 分，船到了清水区，气温上升到了 −0.1℃。上午去了驾驶台，沈权也在。其实我们倒很希望能穿行一下冰带，看看这里的冰到底是什么样子的。因为我国北极考察从未涉足这部分海域。这是整条冰带的尾巴部分，对"雪龙"号构不成任何威胁。但由于船上有加拿大的冰区领航员，确保"雪龙"号的万无一失是他的职责所在，我们也不好多加干涉。但到下午，尽管不在冰图的冰区中，我们还是遇到了零星的小冰带，当年冰混杂着多年冰。这也许是本次北极科考所能见到的最后一批海冰了。

　　下午 2 点 20 分，考察队组织了楚科奇海台北风海脊沉积物捕获器回放方案讨论会。根据 P 断面的设置，再次布放的位置有所北移。水深 1800 多米，绳长 1300 米，3 组浮球、2 个沉积物捕获器，外加 300 多米和 1500 多米两层声学设备。预计 9 月 9 日上午布放。前期准备包括浮球和仪器与绳子的连接。

下午 3 点北极大学开课，加拿大冰区领航员奈杰尔为大家做了题为"加拿大与广袤的北极白色冰原——探险、主权和航海"的报告，为科考队员介绍西北航道的探险历史、加拿大在该海域的主要工作及发展历程、西北航道的服务产品等内容（见每日一题）。原计划是 9 月 4 日下午，因当天下午珍妮弗等 3 位加拿大科学家临时在剑桥湾镇下船而取消。因为需要翻译，就给他单独安排一场讲座。我们一般是一个下午安排两场报告。

今天的主要调查工作包括：凌晨 4 点 30 分开始海冰人工观测；地球物理调查共完成了 582 千米测线，并在早上 8 点 40 分至 9 点完成了 1 个声速剖面测量。

晚上 6 点 53 分，"雪龙"号驶出加拿大专属经济区。我原来是建议以这个点作为穿越西北航道的终点，但领队建议用进波弗特海为穿越终点。

晚上 8 点调整船时到晚上 7 点，采用西 9 区时间，与国内的时差为 17 小时。

上午 10 点左右，"雪龙"号经过冰带

冰区夜航

加拿大冰区领航员奈杰尔在"北极大学"向考察队赠书

加拿大北极地区概况

1.加拿大北极区探险史

19世纪的北极充满神秘的色彩,象征着艰辛、挑战和个人英雄主义。北极的探险活动除寻找西北方向的贸易通道外,还带动如地磁、航道、天文和光学现象等科学研究,创造了具有狂野和至美的烂漫主义艺术作品。而极地最为神秘的事件要数富兰克林失踪案,两艘探险船共133人在探险途中消失得无影无踪。随后的12年间,共派出了15支搜索队,结果导致了更多的船和人消失。

20世纪初,加拿大北部主要人口是原住民因纽特人,仅有少量的皇家骑警,很少有其他人光顾,而首次西北航道穿越由阿蒙森于1903—1906年间完成。早期并没有专业的海洋测绘船,如在20世纪早期至第二次世界大战后所使用的"阿卡迪亚"。直到1954年,新建排水量为6490吨的"拉布拉多"号专用测量船才投入使用。该船完成了很多的北极首次:如1954年8月首次由东向西穿越航道、8月作为深吃水船首次穿越西北航道、10月完成环加拿大北部航行等。第二次世界大战后,加拿大与美国合作建立战后远距离早期预警系统。早期的高纬北极岛屿由加拿大人和挪威人绘制,而最后一批岛屿则是在第二次世界大战后由加拿大皇家空军完成区域探测的。而加拿大也参与了1960年美国"海龙"号新航线工作。20世纪60—80年代,资源开发活动的增加,如1969年"曼哈顿"号大型邮轮穿越航道,使政府更加关注主权挑战和环境事务问题。

2.加拿大北极区的防卫、挑战与应对

加拿大政府在战后开展的一些工作包括:(1)20世纪50年代:与美国共建远距离早期预警系统防线,1954年"拉布拉多"号和1958年美国"鹦鹉螺"号北极航道航行;(2)60年代:1969年"曼哈顿"号航行,促成了《北极水域污染防治法》的诞生;(3)70年代:加

拿大皇家海军"NORPATs"号穿越航道；（4）80年代：冷战巅峰时期，促成了资源的开发；1985年美国"极星"号强行穿越西北航道后，加拿大政府设定了包括整个伊丽莎白女王群岛在内的领海基线，并于1987年出台了防卫白皮书。

目前，在北极群岛地区涉及的政府部门主要包括：军队、环境部、运输部、渔业与海洋部等，最主要是军队和海警间的合作（注：这次加拿大科学家下船就是由海警船改为军舰接人）。该地区实行与美国共同防御政策，在加拿大北极区设有一系列的前线指挥所、雷达站、指挥部和分遣队等。加拿大也有一揽子的造船计划，其中就包括Polar 1级别的新船，以代替已老旧不堪的破冰船。据了解，该船的破冰等级是2.5米，是常规动力破冰船中等级最高的。

3. 加拿大北极交通

1991—2008年，主要利用麦肯齐地区进行陆路物资运输，目前则更多地利用巴芬湾的海路开展物资运输。通行船只数量在2012年达到峰值，这一年西北航道的冰情最轻。在这个区域活动的重型船，多是参与巴芬岛开矿运输的。

对北极航道的利用，天气的变化无常是最大的威胁，对小型船舶而言更是如此；另外，很多海域没有海图。在一次测绘中就发现断崖式构造，从数百米水深一下子减到仅有4米的水深，这种情况会给航行带来极大的威胁。对于北极地区海冰覆盖信息，加拿大政府提供的海冰季节变化图显示，2017年的海冰量是前十年中的第三高。由于北方的海冰大量漂移至南部，导致2014年冰情最为严重。而对于海冰历史和现状的了解，则可通过公开的网站获取。其他还可参考加拿大冰局提供的更为详细的冰图，以及北极冰区航行系统（AIRSS）和POLARIS RIO系统等。

北极航行安全要综合考虑：冰区航行经验、海冰预报、海冰分类和船舶状况、船舶驾驶技术、天气、卫星合成孔径雷达资料（SAR资源），以及北极当地有限的支持。

加拿大冰区领航员北极大学授课内容节选（北极熊光临海岸警卫队巡逻船）

4. 北极旅游

目前，航行在西北航道最多的船就是旅游船，2016 年美国 1.8 万吨游轮光临，乘客多达 1000 多人。北极航道最主要的旅游资源为北极熊，其他包括海洋保护区和历史遗迹等。

海洋保护区和国家公园：考虑对海洋生物和环境的保护，在兰开斯特海峡建立了海洋保护区、峡口南侧的科洛特岛为国家公园，游客光临的主要目的是看北极熊。

历史遗迹：比奇岛，位于巴罗海峡，这是富兰克林船队在 1945/46 年度的第一个越冬地，保存有一些简易木质建筑遗迹以及 3 个墓地。在维多利亚海峡，根据因纽特人的口述历史，分别于 2014 年和 2016 年发现了富兰克林船队的两艘沉船。

（上述内容是根据冰区领航员奈杰尔在北极大学给考察队员授课内容整理。奈杰尔在加拿大海军服役 37 年，已退役 5 年，现为 Martech Polar 公司工作。之所以退休后还在工作，他的解释是愿意从事冰区领航员这个工作岗位的人太少。）

09 月 07 日　一路北上避风

中午前后开始出现少量的浮冰，均为未融化殆尽的冰疙瘩。

上午临时党委审议了考察队第 7 周周报。由于受船摇晃的影响，部分考察队员晕船，没有去吃中饭。

预报在阿拉斯加北部沿海今天会出现飓风区，中心风力可达 7 ～ 8 级、阵风 9 级，浪高可达 3 米，并向东移动。"雪龙"号若按原有计划，在出加拿大 200 海里专属经济区后沿美国专属经济区外缘前往楚科奇海台，今天就会迎头碰上这一巨浪区。所以，考察队决定调整原有计划，整条预设的 P 断面北移。在完成出加拿大专属经济区后的 CB01 站位作业后，径直北上避风，到 75°N 后开始设站作业。但即便船离中心区越走越远，一路也能感受到风的巨大威力，在上午和中午前后的影响非常明显。浪高在 2.5 米左右，并且容易晕船。张蔚之前不晕船，这次也感觉很不舒服，在床上躺着了。

船舷边飘过的冰块

CB01 站位作业是沉积柱采样和微塑料拖网作业。上午领队跟我讲，上次在拉布拉多海作业时我反映过作业安全措施不到位的情况后，今天凌晨特意去艉部看了，结果发现安全员没有及时到位，到快完成作业时才露面；在沉积柱采样到微塑料拖网作业转化过程中，还是有问题，特别是在艉部舷口附近处理网具，非常危险。下午 4 点，沈权副领队专门召集各甲板作业班组长，传达了队上的要求：严格按照安全管理规定实施。安全问题是个重中之重的问题；在晚上的队务例会上，我和领队均重新强调了安全的重要性。会后沈权副领队也用广播对注意事项进行了强调。该站位获取了 4 米的沉积岩芯。

一路风浪还比较大，但到了 P09 站位后，作业条件好了不少。下午 5 点 45 分的记录，船的漂移速度为 2 节，风速为 7.2 米 / 秒。但气温还是比较低，为 -5.3℃，我从物理实验室去外面，只穿了考察队发的抓绒衣服还不行，后来又在实验室抓了一件企鹅服（考察队的野外工作服）穿上，总算不觉得冷了。一开始我还担心是否像在北大西洋的拉布拉多海一样，钢缆的倾角过大，会影响安全。但今天还可以，钢缆没有特别厉害的倾角。下午 5 点 30 分我吃完饭上来，在梯口碰到中甲板作业队队长，说 CTD 第一次 1500 米水深的采样已结束。整个作业从下午 4 点 28 分开始，到晚上 8 点 30 分结束。

今天共获得 10 个海冰人工观测记录，完成 P09 站位 CTD 采样；多波束系统工作不稳定，共获得 76.5 千米测量数据。CB01 站位获得 4 米的岩芯，也是我们历次北极科学考察所获得的最东端的沉积物岩芯样品。

新设的 P 断面是环北冰洋的最后一程，整个 P 断面做到 P04，我们就完成了环北冰洋航行。P04 站位是沉积物捕获器回收点，也是穿越中央航道的起始点。

P09 站位 CTD 布放视频截屏

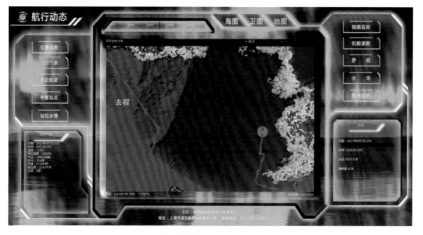

9 月 7 日下午 14:45 船位

每日一题 曾经的冷战前沿阵地

　　加拿大北极地区尽管偏远，但在冷战时期却是美加对抗苏联（俄罗斯）的前沿阵地，美国和加拿大在此地建有联合雷达预警系统，它们是冷战时期的产物，并一直延续至今。如果从正上方看地球，你可以看到美国和苏联之间最短的路径是穿过北极，加拿大则正好位于两者之间，因而美加在此设立对抗苏联的第一道防线，并对空中目标进行监控。

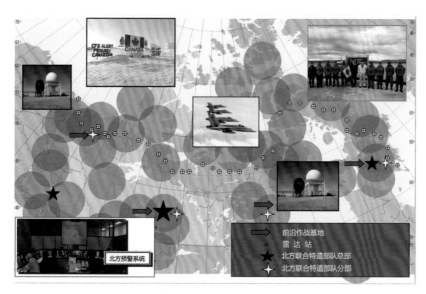

美国和加拿大在加拿大布设的防线示意图

北美防空司令部成立于 1958 年，其主要任务是保护美国大陆、加拿大和阿拉斯加免受攻击，并被赋予对两国防空司令部的作战控制权。1970 年出版的《北美防空司令部指南》导言中写道，"潜在的敌人知道，如果他们愚蠢到对美国或加拿大发动攻击，他们将立即遭受灾难性的后果。充分了解这些事实被认为是防止偷袭的最大保障和威慑……"在很多方面，北美防空司令部的建立是冷战宣传的一种行为。

雷达预警网是北美防空司令部的重要基础设施和第一道防线。在美国或加拿大遭到攻击，可以在第一时间提前发出警告，为反击提供时间，并让民众有时间疏散或撤离到避难所。

北美防空司令部下设战斗机和轰炸机特种中队，以执行防御任务。战斗机能在接到通知后立即起飞，可以用来拦截和摧毁来袭的敌机。而应对来袭导弹的方式，就是将派轰炸机向俄罗斯发射导弹，实现以牙还牙。

最早的雷达防御系统，使用脉冲雷达，无法探测接近地面的飞机。该系统建于 1954 年，大致沿着美国和加拿大的西部边境，然后穿过加拿大东部，构建了一条防御线（松树防线）。但该线离苏联袭击的潜在目标太近，无法提供足够的预警时间。因而，很快又在更北的地区构建了新的防御系统（中部防线）。这条新的防御线使用了多普勒雷达，高效并可实施低空探测。这两个系统的建设和早期运行实际上比北美防空司令部的成立早了几个月。

而雷达的远程预警防线（露水防线）几乎与中部防线同时建成。它横跨阿拉斯加、加拿大北部和格陵兰岛，跨距约 5800 千米。与松树防线和中部防线一样，于 1958 年完工，旨在探测俄罗斯喷气式轰炸机。然而，洲际弹道导弹的出现几乎导致了所有系统的过时。中部防线和松树防线在 20 世纪 60 年代中期停用，而露水防线的雷达站则逐渐关闭或改作其他用途，尽管有些站在 90 年代仍在运行。

为了应对洲际弹道导弹的威胁，美加构建了洲际弹道导弹预警系统。该系统由阿拉斯加、格陵兰岛和英国的 3 个大型雷达装置组成，于

1960 年投入运行。洲际弹道导弹预警雷达的工作距离如此之远，以至于其任务扩展到包括轨道监测。所有 3 个预警雷达站经过不断升级，目前仍在运行。而阿拉斯加站则被改造成了北美防空司令部最现代的空中和太空跟踪系统。每个雷达站的信息通过线缆和卫星传输到总部。

如今，通过卫星网络的构建，北美防空司令部能够追踪几乎每一寸北美空域，包括监测未经授权的飞机，并能探测到几乎世界任何地方的导弹发射，可以追踪太空中的所有人造物体。

据《华尔街日报》2021 年 2 月 27 日报道，美国和加拿大计划在北极地区实现国防卫星和雷达系统的现代化。

09 月 08 日　加拿大海盆作业

凌晨 1 点 30 分，我看快到 P8 站了，就给物理实验室打了个电话。这组是来自自然资源部第一海洋研究所的林丽娜当班，就跟她交代要注意夜间作业的安全，没有亲自去实验室。昨天下午作业时海况较差，目前已变得越来越好。我早上起来时，这个站正好完成。作业还是很辛苦！今天共完成 P08 站位、P07 站位和 P06 站位 3 个站位的 CTD 作业（00:20—06:30、12:50—14:48、20:20—04:25）、艉部 P05 站位的微塑料拖网采样和 300 千米的多波束测深。

早晨大雾笼罩

上午 9 点至 10 点 30 分，考察队在五楼会议室审议技术规程。由于不少规程实际上与其他海域的一致，并没有明显差别，大家讨论后选择了与冰相关的一些内容，如海冰走航观测、冰浮标布放、海冰基础环境调查、海冰生物区系调查、冰区微塑料调查、冰区声学调查等，进行冰区作业规程的编制，要求 14 日完成修改稿。

之前央视牛巧刚找过我，说要拍一个 2 ~ 3 分钟的短片，主题是"中国有我，妥了！"。跟他商量后，安排在中午 P7 站位作业期间拍摄。今天感觉特别困，好在他说是在 CTD 出水时拍，我中午还可以睡一个小时。下午 2 点，CTD 快要出水，我们一起下去。由于原来说是半个小时前叫他，我叫的比较晚，所以我下去的时候他们还没下到实验室，我就让 CTD 晚一点出水。中部的拍摄比较顺利。需要的国旗，我也向党办秘书张蔚要了，并固定在了舷墙上。他跟我解释的时候说，这档节目主要是自述形式，不需要过多的理性，而是要一种感性的表达。正好舯部有科考队员在采水，所以最后除了我一人的拍摄外，还拍了 6 人一起高喊"中国有我，妥了！"的镜头。拍完舯部，去了艉部。同样是固定国旗，然后让考察队员们放磁力仪，拍摄。拍好后，牛巧刚觉得内容都有了，但带的情绪不够，希望能再拍一段。最后，我是倚在艉部舷墙上，从拖曳的磁力仪开始，收回目光，对着镜头开始自述，从现在的考察马上要完成环北冰洋航行说到 8 月 2 日开始的起始段的冰站考察；从冰站考察的艰辛：融池、北极熊和海雾，说到西北航道的"海上升明月"冰区夜航美景；从考察的贡献说到了艰苦条件下对美的感受；从见证 3 大北极航道的"雪龙"号穿越和飞机前往北极点考察，说到对新船和北冰洋北极点船基考察的展望。说完后，牛巧刚还很满意。一开始的时候，摄影师袁帅还担心在这种环境下是调整不到这样的一个轻松自述的氛围的，拍完后说不错，越说越自然了。只可惜在拍摄的时候，牛巧刚只跟我强调了要先介绍在哪里？正在做什么？却忘了告诉我先得有个自我介绍，我是谁？叫什么名字？没有自我介绍不行啊，只好重新穿上"企鹅服"，在舯部和艉部重新补了一下自我介绍的镜头。

晚上拨钟，8 点调到 7 点，采用西 10 区时间，与国内的时差为 18 个小时。即国内早上 8 点上班时，船时为前一天下午 2 点。

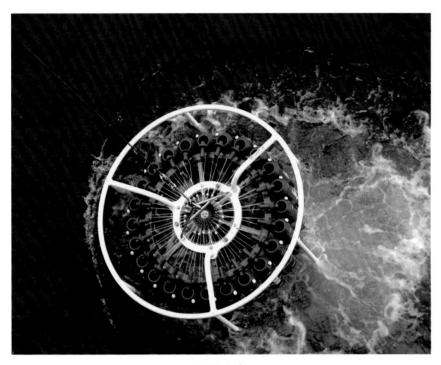

CTD 入水

9 月 8 日 21:57 船位（P06 站作业）
还有两站到 8 月 2 日开始穿越北冰洋中央航道的起点

每日一题 加拿大北极区的北极熊

北极熊是北极特有的代表性物种，凡是首次参加北极科考的队员都渴望有机会见到北极熊。还好大家在最有纪念意义的富兰克林海峡见到了北极熊。尽管距离很远，总算是见到了。由于后续考察不会进入冰区，意味着这也是唯一的一次了。

北极熊，也称白熊，属食肉目、熊科大型哺乳动物，在世界自然保护联盟濒危物种红色名录中是易危物种。环北极分布，也是地球上体型最大的食肉动物。雄性成体体长2.4～2.6米、体重通常为400～600千克，最大偶有超过800千克；雌性体型约为雄性的一半，体长1.9～2.1米、体重通常为200～300千克。刚出生的幼崽为600～700克。据世界自然保护联盟估算，现有数量估计为20 000～31 000头，其中在加拿大北极区数量约占总数的60%以上。

它是熊家族中最纯粹的食肉动物成员，主要以海豹为食，其他猎物包括白鲸、海象和啮齿动物。北极熊皮毛具有良好的保温效能，当用红外摄像机观察时，几乎看不见。只有它们的脚垫发出可探测到的热量。北极熊是优秀的游泳者，经常可以在离陆地数千米的开阔水域看到它们。这可能是一个迹象，为更好地捕捉猎物，它们已开始适应水生环境。由于速度惊人，它们在陆上的捕猎效率也很高。北极熊由于捕食海豹等食鱼动物，摄入大量的维生素A并储存在肝脏中，以前就有人因食用北极熊的肝脏而中毒。

北极熊的19个亚群中，与加拿大北极区相关的有13个。在已知亚群数量的区域中，数量在2500～3000头的有5个，分别是兰开斯特海峡、巴芬湾、福克斯湾、楚科奇海和巴伦支海种群。

一般认为，对北极熊生存的威胁主要来自因全球变暖而导致的栖息地减少，而非人类捕杀。例如，冬季加拿大北部的哈得孙湾海冰覆盖面积正在减少，限制了它们获取海豹作为食物的机会。一些地区的减少是由狩猎造成的，而不是气候变化。狩猎仍是大部分因纽特人生活方式的重要组成部分。目前按配额制管理，允许村民根据额度获取一定数量的海豹、海象、一角鲸、白鲸、北极熊和麝牛。

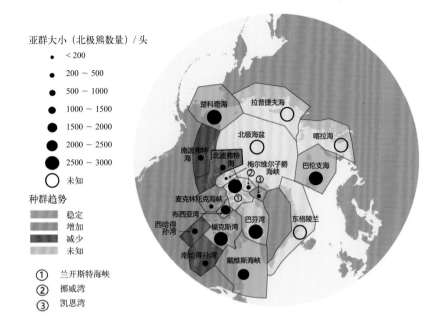

亚群大小（北极熊数量）/ 头

- < 200
- 200 ～ 500
- 500 ～ 1000
- 1000 ～ 1500
- 1500 ～ 2000
- 2000 ～ 2500
- 2500 ～ 3000
- ○ 未知

种群趋势

- 稳定
- 增加
- 减少
- 未知

① 兰开斯特海峡
② 挪威湾
③ 凯恩湾

北极熊亚群变化趋势

修改自 https://arcticwwf.org/species/polar-bear/population/

当然，北极熊数量的变化，是个复杂的问题，不仅仅取决于气温的变化。北极熊数量对气温敏感性的一个佐证是1991年皮纳图博火山爆发导致短暂降温，期间出生的熊的数量明显增加。但在1995—2005年间，气温上升，北极熊的数量却以前所未有的15% ～ 25%的速度增长。实际上，目前仅在波弗特海和哈得孙湾观察到了明显的气候变化导致北极熊数量减少现象。对于整个北极而言，数量基本稳定。北极增暖仍在持续，环境变化对北极熊种群的潜在影响，仍有待科学家们持续监测和深入研究。

随着北极升温和海冰减少，北极某些地区的北极熊被迫禁食的时间变得越来越长。初步研究发现，在没有食物情况下能够存活的时间因地区和熊的自身状况而异，但幼熊是最先容易受到长时间禁食影响的动物，其次是有幼崽的成年雌性，再次是成年雄性，最后是独居的雌性，其中一些雌性能坚持的最长禁食时间为255天。

09 月 09 日　完成环北冰洋航行

晚上 10 点 14 分，天际有微光，船速为 9.6 节，前往 P03 站位；气温为 0.2℃，风速为 10.0 米／秒，能见度为 20.0 千米。

今天整天都是阴天，尽管预报浪不大，但船还是比较晃。大概在凌晨 0 点 30 分完成 P06 站位 CTD 的第一采样，我一直在计算到潜标点的时间。在没有避风前计划到潜标点的时间是 9 日上午，北上避风后到站的时间应为 9 日下午四五点钟。但因作业衔接和船复位，时间上有所滞后。若按原计划实施，"雪龙"号到潜标布放点的时间就会在 9 日傍晚，光线不好影响艉部的布放作业。为了能确保尽可能早点到潜标布放点，我对作业方案 P05 站位的作业内容进行了调整，总算让"雪龙"号在下午 6 点 30 分到达了 P04 站位，即沉积物捕获器的布放点。

气温不算很低，但有飘雪。由于风比较大，我站在飞行甲板上还是会觉得有些冷。我是最早到的，然后是海洋报记者吴琼和新华社记者郁琼源，后面是张蔚，最后是袁东方。放潜标相对容易，大家也比较熟悉，所以我也不担心什么。先是布放了 6 个浮球，然后是一个沉积物捕获器，再然后是一串浮球，后面就是绳子……前面的过程我全拍了，包括照片和视频。由于手实在被冻得受不了，做了记录后我就回到艉部实验室了。

因怕 CTD 钢缆与沉积物捕获器缆绳缠绕，"雪龙"号往 P04 站位方向走了几海里，然后艉部开始 CTD 作业。由于承接了 P05 站位的采水，这个站位就变成两次采水了。"雪龙"号在风和海流的影响下，往南偏西方向漂移，在不知不觉间，就越过了我们穿越中央航道时的航迹，完成了环北冰洋航行。

今天除沉积物捕获器布放外，还完成 2 个 CTD 作业、1 个艉部沉积柱采样和微塑料拖网；地球物理调查完成 282 千米的地形测量，以及 1 个声速剖面。

晚上拨钟，8 点调到 7 点，采用西 11 区时间，与国内的时差为 19 小时。

潜标第一组浮球布放（18:38 摄）

沉积物捕获器布放（18:47 摄）

黑夜笼罩下的"雪龙"号（21:55摄）

 环北冰洋航行

　　非常高兴能够参加中国第八次北极科学考察，见证了"雪龙"号首次穿越北极中央航道和西北航道，8月2日从楚科奇海台潜标点出发，9月9日回到该点，历时39天，完成环北冰洋航行，见证了我国极地考察史上又一座里程碑的诞生，并在沿途中央区、北欧海、拉布拉多海、西北航道等海域开展了多学科综合调查。整个环北冰洋航行，我觉得有以下几个方面给我印象最为深刻。

　　（1）成功穿越中央航道："雪龙"号作为低等级破冰能力的船舶，从北冰洋公海区穿越中央航道，在国际上也是首次。之前仅有高等级破冰船甚至核动力破冰船才有可能。这次的成功，让我深刻体会到，我国的北极科学考察，已锻炼出了一支决策周密果断、精诚协作、特别能战斗的科考队伍，锻炼出了一支具有丰富冰区航行经验的船员队伍，这是本次穿越成功的最根本保证，这也是我国北极科考多年所积累的最大一笔财富。而我国的冰区预报从无到有，从弱到强，也起了非常关键的作用。可以这么说，我国北极科考的软件建设已到了蜕变成蝶的阶段。

（2）本次考察新安装的多波速测深系统：缺乏海底探测能力一直是我国极地海洋科考的短板。本次考察前"雪龙"号新安装了多波束测深系统，本人也参与了设备采购和商业谈判。多波束测深系统属于大型海洋装备，通常是接到订单后开始生产。由于新船多波束测深系统已完成生产，我们利用了这样的一个机会，用户、设计院、船厂和设备商通力合作，在两个月的极短时间内完成了设备的安装调制和试航，这在国际上也是绝无仅有的，表明我们极地考察的支撑保障能力在不断增强。

（3）与加拿大的合作考察：由于加拿大一直主张加拿大北极群岛水域为内水，水深又是敏感数据，我们一开始还有些担忧加方会不同意"雪龙"号对北极航道群岛水域的水深探测，但实际的情况是，加方不同意我们对水体的调查，但很乐意开展水深探测。参与合作考察后，我们知道了，加方对该海域的水深资料非常少，所以会很乐意开展合作。因而，尽管目前北极国家普遍有排外的倾向，但是对于双边共赢的项目，还是有机会合作的。

（4）西北航道美景：北极地区人烟稀少、空气清新，但由于我们的考察主要是在冰区。海冰融化和水汽升腾，导致海雾频发，好天气屈指可数。本次考察走的是中央航道，几乎就没有一个好天气。有限的几个大晴天都是出现在无冰的北冰洋边缘海。在兰开斯特海峡那天天气很好，不同地质时期沉积地貌加上冰川的侵蚀呈现了特有的荒野景致。

作为中国极地研究中心的一员，我参与了"雪龙"号2007年、2013年和2018年3次大改造，"雪龙"号也就此承担了国际极地年中国行动和极地环境综合调查等专项任务，抵近北极点开展科学调查，对3条北极航道均实现了穿越，创造了一个又一个的辉煌，堪称是一艘英雄之舟。

（注：2019年国内新建的新一代极地科考破冰船——"雪龙2"号入列，我国极地考察迎来"双龙探极"的时代。期待"雪龙2"号能够续写辉煌）

穿越北冰洋Ⅱ

——中国第八次北极科学考察中央航道和西北航道穿越纪实

第五篇

探索楚科奇边缘海

这是梦想启航的地方。8月2日，考察队在完成S1站位沉积物捕获器潜标回收后，就是从这里启程，去穿越中央航道、试航西北航道。9月9日，考察队回到该地，进行了沉积物捕获器的再次布放，完成环北冰洋航行。

在完成S1'站位（P04站位）的潜标布放后，"雪龙"号继续完成P断面后续4个站位的作业任务（P04~P01），并于9月11日0点34分到达D2控制点，南下开始做区块的地形地貌测量。至20日0点10分测量结束，共完成测区面积12 635平方千米。

这也是我国在北极地区首次获得10 000平方千米以上区块全覆盖海底地形和地貌勘测图，对于我们今后的北极科学考察，特别是海底科学调查研究，具有重要意义。

09月10日 补充断面调查

阴天，海况比9日要好，海面较为平静，但气温下降。下午4点25分记录的航速12.4节，气温−1.7℃，风速11.2米/秒，能见度11.0千米。

上午8点30分讨论了中国第八次北极科学考察汇报片提纲。央视牛巧刚给大家简要介绍了中国第八次北极科学考察汇报片构思，总线为历史使命感和国家领导的嘱托。大家一致认为总的构架不错，来自自然资源部第三海洋研究所的杨燕明建议每个亮点是否形成闭环，我提出是否可以把"以人为本"作为另一条总线。徐韧建议是否把"责任担当、团结协作"作为总纲展开，如穿越中央航道就是一种责任和担当，为的是多调查、多获取空白区的观测数据，而不是到东北航道空跑；西北航道，既要严格按规定办事，也要尽可能争取多调查，如比计划多了1400平方千米区块的海底地形测量。

下午2点进行了画册提纲讨论。对于画册的题目，我提了两个建议：一是"雄越"，可以理解为英雄史诗般的穿越，也可以理解为"雄关漫道真如铁，而今迈步从头越"的缩写；二是文艺一点的提法，可以为"一路向西"，寓意我们从楚科奇海台开始一路向西，直到回到海台的原出发点，完成环北冰洋航行。对于内容，由于 5 段文字内容是由牛牧野、邓贝西和郁琼源 3 人分别写的，尽管编写组已进行了多轮修改，但大家还是认为各段的文风不一。大家讨论最后决定前面有关航道和业务化的应相对严肃一点，而后面风景和活动部分可以表述得活泼一点，并提了一些具体修改意见。

海雾与彩虹（15:20 摄）

由于接下来一周主要是地形地貌调查，其他相关专业和人员会相对有时间，晚上 8 点队务例会上，徐韧领队要求做好几件事：（1）冰区作业技术规程，14 日完成；（2）管理文件修改和补充；（3）汇报片上午讨论了大纲和主要内容，15 日有个初步样片；（4）中国第八次北极科学考察白皮书，按极地办要求，在靠码头后发给记者；（5）考察报告，要求 16 号成稿。

今天进行了基础气象观测；舯部完成 P03 站位至 P01 站位共 3 个 CTD 站位作业，艉部获取沉积岩芯 3.9 米，另外在 P01 站位用箱式采样器采集了表层沉积样；完成了 1 个站位的微塑料拖网；地球物理调查完成 378 千米海底地形测量。晚上 10 点 34 分，"雪龙"号抵达测区 D1 控制点，正式开始区块勘测。

晚上 8 点拨钟至晚上 7 点，调整至西 12 区时间，比国内晚 20 小时，即国内早上 8 点上班时，船时为前一天的中午 12 点。

空旷而寂静的驾驶台（21:00 摄）

09 月 11/12 日　开始区块地形调查

早晨，"雪龙"号在雾海中航行，进行测区作业；10 点 30 分左右，雾消散了，成为多云天气。下午 1 点 53 分的记录为航速 14.0 节，气温 0.3℃，风速 9.1 米 / 秒，能见度 17.34 千米；下午 5 点 39 分，出现飘雪，气温 0.1℃，风速 8.6 米 / 秒，能见度 14.29 千米。根据预报，明天中午风力增加，傍晚可达 6 ~ 7 级，阵风 8 级，2.0 ~ 2.5 米涌浪，明天晚上到后天涌浪可达 2.7 ~ 3.2 米。

凌晨 0 点 30 分左右，从"雪龙"号航行动态上看，船已快到区块调查的起始控制点 D2 点了，就打电话给驾驶台问地球物理组是否把后续的控制点给了，结果没有。第一条测线在凌晨 5 点左右就跑完了，等不到吃早饭那时刻。于是，我打电话给高金耀，他说起来做，会到实验室看测线的实际情况进行临时确定。从凌晨 0 点 43 分开始至约下午 1 点 43 分，13 小时跑完一个来回。今天共完成测线 509 千米，并完成 1 个声速剖面测量。

早上起床，发现走廊又漏水了，赶紧拿桶去接水，但漏水不止一处。打电话给驾驶台，驾驶员说凌晨 3 点已有人告诉他们，他们已转告机舱值班人员。

下午 3 点开始北极大学授课。来自自然资源部第三海洋研究所的于涛研究员做了《核科学与海洋放射性监测》的报告。她介绍说，对于核，公众的认知主要停留在核弹、核潜艇、核电站等，2011 年福岛核事故引发国内恐慌甚至抢盐风波。但总体而言，核能还是安全的，属于清洁能源。使用核燃料的话，不仅其成本远低于燃煤，而且不会排放会污染环境的有害物质。1938 年，核裂变的发现，促进了核能的利用。截至 2010 年 10 月底，全球共有 441 台核电机组在运行。并且核能已广泛应用于医学和农业育种等，最常见的莫过于大家都熟悉的 X 光和核磁共振检查。

来自国家海洋环境监测中心的穆景利做了《海洋微塑料研究进展及我国面临的挑战》的报告。报告介绍说，每年全球有 480 万～ 1270 万吨塑料垃圾进入海洋。据估算，漂浮在大洋的塑料量为 9.3 万～ 23.6 万吨，共计 15 万～ 51 万亿碎片。其中，其中，直径小于 5 毫米的塑料颗粒称为微塑料。塑料制品长时间暴露在环境中会产生的微塑料，而在我们的生活中，有着磨砂及亮白效果的牙膏、能去除角质的沐浴露、具有深层清洁

高金耀研究员在物理实验室处理地形地貌资料

功效的洁面乳等，都含有微塑料。目前，对微塑料污染的生态风险评估仍然处于初步阶段，微塑料可能会影响生物体的消化和免疫系统。微塑料已经遍布包括南极和北极在内的世界各个角落，治理微塑料污染任重而道远。

下午6点05分，在队务例会结束后，我留了媒体记者、张蔚、刘健、牛牧野和邓贝西，就考察队档案汇交进行了分工。下午的时候，还收到极地考察办公室科技处金波发来的微信，要求微塑料调查要有一个明确的结论，如北冰洋是否有微塑料的存在。另外，由于海况较差，拟于明天举办的"朗读者"活动顺延。

晚上8点没有调时区，但调整了日期，从11日调整到12日。这样我们的12日共有4个小时，晚12点后就开始13日了。调整日期后，船时从比国内晚20个小时变成了早4个小时。即国内早上8点上班时，船时已是当天12点了。

早晨"雪龙"号在雾海中开展地形地貌调查

09 月 13 日 地形调查第二天

今天的海况变差，海面已见到白浪花了，不过好在只是海底地形地貌调查，海况的影响不大。到今天下午，船已摇晃得比较厉害了。中午 11 点 45 分记录为多云，航速 12.2 节，气温 −0.3℃，风速 17.0 米 / 秒，能见度 13.0 千米。下午 4 点 54 分的记录为气温 −1.0℃，风速 17.1 米 / 秒。晚上 11 点 47 分的记录为航速 13.3 节，气温 −0.5℃，风速 22.4 米 / 秒，能见度 13.33 千米。从中午到半夜，气温没有明显变化，但风速增强明显。根据预报，明天风速可达 7 ~ 8 级、阵风 9 级，涌浪可高达 3.5 米左右，到后天才能逐步消退。

这次应该是本次考察出征以来遇到的最大风浪。队务例会上，朱兵船长曾询问是否需要到冰区去避风，距离大概是 80 ~ 100 海里，真要避风的话，航程加躲避的时间至少需要 1 天半到 2 天。我解释现在没有太多富裕时间了，因为从 11 日直接跳到 12 日已少了 1 天，若时间长的话，还会影响楚科奇海和白令海的作业计划。领队要求地球物理组尽可能做，若确有问题，也请及时上报给队里商议。

上午没有会议，上驾驶台看航海日志，记录作业时间等信息。在我房间门口，碰到沈权，聊起美国专属经济区调查批复的事。到目前为止还没有得到批复，但我们推测应该会在最后时刻获批。我们给他们的时间是，"雪龙"号在 19 日或 20 日进入其专属经济区。由于原计划 10 月 10 日回到国内，之前一周是国庆节放假，我们还没法提前回去，所以一旦无法得到及时批复，"雪龙"号只能在北冰洋公海区晃悠再消耗掉点时间，这样还可以作业，多做点地形地貌调查，总比在长江口晃悠要好。领队在晚上的队务例会上也提出了美专属经济区调查还没得到批复的事，等海况稍好，得准备一个预案。

下午 3 点为北极大学授课第 17 讲和第 18 讲，其中来自自然资源部第一海洋研究所的刘焱光报告的题目是《北极海冰变化的沉积记录》。他介绍说，海洋地质学的开端为 1872—1876 年英国"挑战者"号的环球海洋调查。19 世纪末，索比（Sorby）率先将显微镜用于沉积岩的鉴定，开始了海洋沉积学研究。海洋沉积物获取手段包括拖网、抓斗、采样管等。沉积物的组成分为陆源、生物源、内源、火山、宇宙来源等。而根据 2004 年 8—9 月 IODP302 航次沉积记录分析，北极海冰形成于 6500 万年前，而 IODP2018 航次计划，就是想知道为什么之前研究中发现在北冰洋中部存在 2600 万年的沉积空白。

白天相对平静的海面

来自自然资源部第二海洋研究所的张涛副研究员报告的题目为《北冰洋洋中脊系统》。洋中脊是指贯穿世界四大洋，成因相同、特征相似的海底山脉系列。他介绍了研究洋中脊的意义包括：（1）沧海桑田的推动器：海洋地壳的出生地，也是太阳系中最长的山脉，总长度超过 6 万千米；（2）生命的起源地：高温、高压和强毒素环境下的生态系统；（3）硫化物矿产资源的潜力巨大。

北极大学授课快结束的时候，来自宁波海洋环境监测中心的施兴安来找高金耀，我们还真担心多波束测深系统会出问题，因为之前关于多波束测深系统的这种一惊一乍的事还真不少。等授课一结束，我立刻去物理实验室，了解到是放 XBT 出了点问题，多波束测深系统运行正常，心里的一块石头终于落了地。

队务例会后拿乒乓球拍去活动，结果没有人。去实验室，只有杨春国在多波束观测值班。我回舱室拿相机去实验室拍了几张照片。去拍艏部到艉部机舱通道的时候

海洋二所杨春国在进行多波束海底地形测量值班

见刘凯从通道的尽头走过来，原来是来自国家卫星海洋应用中心的敖雪晕船在机舱休息，他是送泡面去了。去了驾驶台，只有杨燕明主任在，但一会儿就走了。看来，风浪导致的船体摇晃对大家的影响还是蛮大的。晚上 8 点 20 分左右下去看了一下，在科考餐厅有一拨人在打牌，另外下一层有乒乓球声，陈医生、沈权、马兴东、李伟在打乒乓球，就打了大约 1 个小时。

今天共完成 523 千米的多波束海底地形测量。

晚上 8 点拨钟至晚上 7 点，改用东 11 区时间，比国内早 3 个小时，即国内早上 8 点上班时，船时为 11 点。

09 月 14 日　地形调查第三天

上午，阴，站在驾驶台上观看，天上零星地飘着雪花，海面上浪花一个连着一个。一旦浪破碎，会在海面上留下无数条有气泡组成的白线。下午涌浪似乎略有减轻，但起雾了，雪也变大了。涌浪看不出大小，但按天气预报的说法，是 3.5 米。这是本次考察遇到的最大的涌浪，与我们 7 日在加拿大海盆北上所避的风相当。

感觉昨天晚上船晃得最厉害，今天已有所减轻。我不晕船，所以没有太大的感觉，但中午见到来自极地考察办公室的牛牧野，他说昨晚吐了 3 次，今天上午还是不行，只能躺在床上。来自自然资源部第三海

洋研究所的李伟和文洪涛都说，大家都说北极考察船是不晃的，我说这只是相对而言。比起过南极的西风带，北极肯定要好得多。

上午 8 点 30 分，临时党委第 8 周周报审议。对于美方在"雪龙"号前往楚科奇海和白令海作业的批复问题，周报在原稿的基础上增加了"若无法及时获得美方批复，拟在北冰洋公海区继续开展多波束勘测等调查作业，期间等待批复"的表述。

海况对我影响不大。尽管晃得厉害，但中午吃饭的人还是不少。下午去了驾驶台拍照，海浪很大，最大的一次直接打到了驾驶台的窗户上，我也在驾驶台，正好通过侧门拍海浪。这么大的动静还惊动了朱兵船长，他特意上来了解情况。之后船速降了下来，尽管还有上船头的浪，但已不可能有最大的浪了，我在驾驶台候了半天，最终还是没有等到。

应领队的要求，晚上的队务例会也取消了。但根据昨天队务例会上的通报，明天的海况应该有所好转。晚上 6 点 30 分左右，拿着球拍去了乒乓球室，与预计的一样，没有人在打球。去了物理实验室，林丽娜等几人在玩飞行棋，我开玩笑说："退化到玩小孩玩的飞行棋了"。去了考察队员餐厅，张涛、马兴东、蓝木盛、宋普庆和乐凤凤在，最后拉了张涛和马兴东去打球，开始还有陈永祥，后来换了李伟。最初是双打，后改为单打，最后只剩我和李伟打了很久。

巨浪扑上船头的瞬间

开始空无一人的乒乓球活动场所

09 月 15 日　地形调查第四天

早上 7 天左右，天照旧阴沉，有薄雾，海面还是有浪花，但感觉好多了。即将完成第 11 条测线，粗略算了一下，已完成的勘测面积约 5600 平方千米了。至下午 4 点 12 分，风速已降至 7.1 米 / 秒；到晚上 9 点 41 分，风速降至 6.2 米 / 秒。

昨晚发生了一件意外之事。晚上 11 点 45 分左右，朱兵船长来敲我的门，说有人从驾驶台的楼梯摔下来，正在医务室，不知是脱臼还是骨折，我赶紧跟他去了医务室。大管轮李东辉正扶着伤者坐在凳子上，来自上海东方医院的陈国庭医生正在给他手臂骨头复位。复位了几次，到位后用石膏固定、用纱布缠绕，然后套上塑料套，最后用纱布把手臂挂在脖子上。问了伤者，不疼、不麻，意味着受伤没有影响到血管和神经。一阵忙活之后，时间已是 12 点 15 分。我故意等到最后再走，询问了具体情况。陈医生解释应该是前臂桡骨骨折，国内一般的处理是开刀和钢钉固定复位，在两周内做手术应该没有问题。现在船上医疗条件有限，无法检查是否完全复位，一旦不是完全复位，会造成后遗症，所以建议最好是在美国诺姆港下船回国接受检查。比较幸运的是，没有伤及其他，不然船上就无法处理了。还有，陈医生是负责急救的，正好对口。这在考察队也是件大事。我回房间后立刻给领队打电话，把他叫了起来，并进行了简短的汇报。大致商量了一下，决定今天上午尽快给国内汇报。

早上7点20分左右，走廊又漏水了。在走廊碰到领队，他说昨晚已跟极地中心主任杨惠根联系，杨主任也可能告知了极地办秦为稼主任。船时9月15日凌晨1点多（国内14日晚10点多），接到杨主任的两条短信：一是秦为稼主任提醒，要记录事故时间和船位；为稼主任对受伤队员非常关心，极地办和极地中心都将启动应急预案，要求考察队把主要情况和相关要求上报；另外，建议启动相关保险程序。同时极地办夏立民副主任也提醒：记得要及时通报保险代理。上午8点30分考察队召开临时党委扩大会议，听取了随船医生有关伤情的汇报，并就后续处理方案展开讨论。在完成汇报文稿后，重新召集大家开会进行商议并在吃完中饭后继续进行，于下午1点左右定稿以传真形式报送极地中心。

在征得伤者本人和随船医生的意见后，讨论形成如下后续处理建议：（1）若美专属经济区调查申请按时获批：考察队完成区块地形地貌测量和楚科奇海美专属经济区作业，24日上午9点前后抵达美国诺姆港（当地时间23日下午2点左右）送人；（2）若美专属经济区调查无法按时获批：在完成区块地形地貌作业后直接南下，预计抵达诺姆港时间为22日上午7点（当地时21日中午12点左右）。随船医生的报告作为传真附件。下午4点30分，考察队召开了全体考察队员大会，通报了伤者的伤情、4级预案启动情况和后续处理计划，并要求所有考察队员，无论是在作业期间还是在平时生活中，一定要绷紧安全这根弦。

地球物理调查今天共完成测线528千米。

今天晚餐加餐。晚上8点拨钟至晚上7点，采用东10区时间，与国内的时差为2个小时。

夜航

北极大学授课

09 月 16 日　地形调查第五天

　　雾天，但海面已恢复平静。粗略测算了一下，截至目前勘测了大约 7000 平方千米的面积，但越往东水深越浅，勘测的效率就越低。早上 7 点 30 分下去吃早饭的时候，见到伤者也来吃早饭，精神还不错，并在餐厅听说有人昨晚去拍极光了。10 点 45 分左右上驾驶台，海雾比早上的时候更重了，气温 0.6℃，风速 4.0 米/秒，能见度仅 0.31 千米。下午 2 点 30 分，"雪龙"号北上至测线中部隆起部位，低温上升到 1.7℃，风速 12.1 米/秒，雾散，能见度 9.97 千米，海面重新出现小浪花。

　　上午 8 点 30 分，考察队组织了对管理规定汇编材料的进一步讨论，档案管理规定内容单列、去除考察队员考核管理规定的内容；在具体的条款上，在环境卫生管理规定中增加"考察队员应在考察结束前将实验室打扫干净，带走所有自带考察物品，在实验室管理人员检查后方可离船"等规定，在安全管理规定中增加"潜标收放作业时，重点岗位人员是否严格按规范作业？是否做到定岗、定人和定位？"等内容。在随后 9 点 20 分进行了调查技术规程的讨论，最后决定把所有内容分成两本规程，分别为"北极海洋无冰区调查技术规程"和"北极海洋冰区调查技术规程"。其中，前者的调查技术基本与我国沿海调查方法没有明显的差异，而后者是具有鲜明极地特色的，将作为重点，今后争取纳入行业标准进行编写。

　　下午 3 点，考察队举行了"朗读者"活动。共有 10 组朗读者，内容有考察队员自创的，也有节选的。听了大家的朗诵，内心泛起一片涟漪。人是情感动物，有了情感，生命就会鲜活，就算是冰冷的海冰，也有冬季的旺盛、夏季的挣扎，也许一场风暴，它就可能在茫茫大海中消失不见。有了情感，即使是秋日的败落，又何尝不是孕育着新生。有了情感，就算是独自背包远行，再也不会感到孤单。

　　队务例会后，领队、我和沈权留下来讨论后续作业安排的问题。尽管后面两天的天气还可以，但有个几乎覆盖北冰洋中心区的大气低压系统正在生成，所以我们要尽快完成区块的地形勘测工作。由于从目前

偶见阳光（14:52 摄）

已完成的情况来看，要在 18 日晚上 12 点前完成几乎不可能，所以要压缩勘测面积。会后我去找了高金耀，同时与他一起去了实验室。杨春国正在实验室。最后商量的结果是：分北区和南区勘测，以等深线布线为原则，先完成北

李春花、杨清华朗诵由本书作者创作的《冰洋随想》

部区块，然后继续进行南部区块。中间隆起部分就不测了。南部区块最南部分也要收缩，确保能到 18 日基本完成整个区块的测量工作。约晚上 7 点 30 分，"雪龙"号已根据新的计划，转头北上进行北部区块的勘测。

下午 2 点 33 分记录的船速为 16.3 节（75°49′50″N，170°15′20″W），这也是"雪龙"号所记录到的最高记录。

09 月 17 日　地形调查第六天

　　天气变化很快，早上 7 点起床时是多云，然后转雾天、阴天，海面白浪花明显。8 点 08 分的记录为气温 0.7℃，风速 5.0 米 / 秒，能见度 9.59 千米。8 点 20 分，天上开始飘雪。雪一直持续到中午时分，随着"雪龙"号的南下而停止。

　　昨晚过了零点，我上驾驶台了解情况。外面在下雨，说是右舷侧面受风，船明显向左倾斜。我询问后续测线控制点的事，说还是会一条一条地给。于是我又去了物理实验室，孙毅在值班，杨春国在负责制定测线。他说还需要 4 条段测线就能把右上角的补齐，每条线约需一个半小时，这样算来明天吃早饭前就可以把北部区块完成，然后重点做南部区块。当时测量完成的区块面积已超过 9000 平方千米。但实际要晚于计划。8 点，"雪龙"号开始北部区块收官，预计还需要一个半小时完成。

　　今天船还是比较晃的。原定下午的北极大学授课和队务例会均取消。晚上 5 点 50 分，气温 0.1℃，风速已达 17.1 米 / 秒，能见度 4.6 千米。为了跟国内时间一致，我们提前调了时间，所以晚 6 点外面天已很黑了。晚上近 7 点下去，没有人打乒乓球。因吃晚饭的时候听说钱伟鸣他们要下棋，就去了三楼活动室，结果他和陈永祥正好下完一盘棋，并且是晚饭后下的唯一一盘棋，这棋下得时间真够长的。轮换间隙我还去了一趟物理实验室，一帮人在玩飞行棋。据来自自然资源部南海调查技术中心的陆茸讲，玩飞行棋可以分散注意力，减缓晕船症状。打球一直打到晚上 9 点多，因丁峰上楼而缺少搭档，我就提前结束，去了物理实验室，就只有孙毅一人在值班，说其他人都去看极光了。我就去驾驶台的平台上看了一下。这时已是多云天，错过了最好的时间。不过还有些微弱的极光。

　　今天吃晚饭前还在跟领队谈起美国专属经济区作业的事，我跟他建议，若是不行，就在白令海靠俄罗斯一侧避几天风。

　　晚 8 点拨船钟，调整为晚 7 点，与国内的时差仅剩 1 小时了。

"雪龙"号在风雪中勘测（10:54 摄）

驾驶台玻璃雨刮上的积雪（10:57 摄）

09 月 18 日　增一天区块地形调查

　　早上，多云，10 点 04 分的记录为气温 0.7℃，风速 13.4 米 / 秒，能见度 14.4 千米。

　　为了修改"八北"汇报片，"熬夜"到凌晨 2 点多休息，这时天已大亮。由于时区的提前调整，跟国内仅有 1 个小时的时差了，在船上基本是晚上八九点左右天最黑。为此，特意把手机闹钟调整到 7 点 55 分，比通常晚 1 个小时起床，这也是上船以来第一次在早上 7 点以后起床。央视记者牛巧刚给我的初稿是 4080 字，我最终给整理压缩到了 2629 字。因要顺着原有思路，只有在夜深人静的时候修改效率才最高。写的和改的材料太多了，对于文字已产生了一种本能的排斥反应。

　　上午 8 点 30 分，临时党委成员在五楼会议室对我修改的稿子进行讨论，同意总体框架，并提出了修改意见。

"雪龙"号在完成最后部分测线任务（12:44 摄）

下午 3 点北极大学继续授课，由来自自然资源部第二海洋研究所的赵香爱和国家海洋环境监测中心的马新东做《无处不在的有机污染物质》和《有机污染物监测的一些背景介绍》的报告。报告介绍，全球有 7 万～ 8 万种化学物质用于工业生产和日常生活，其中危害生态系统和人类健康发展的物质统称为污染物，分为有机污染物和无机污染物。污染物有火山爆发、成岩过程、生物转化和煤炭等自然源，也有人为源。2001 年，联合国环境规划署召集各国于瑞典斯德哥尔摩举行会议，对新兴有机污染物质（POPs）进行了专门的讨论，并签署《关于持久性有机污染物的斯德哥尔摩公约》，2004 年开始实施，截至 2017 年纳入管控的 POPs 已达 23 种。其中包括，（1）滴滴涕（DDT）：1874 年第一次合成，1939 年发现作为杀虫剂的性能，1948 年获得诺贝尔奖；（2）多氯联苯（PCBs）：用作阻燃剂，具有很好的绝缘和隔热效果，1929 年开始用于工业生产中，全球总产量 150 万吨，一半被用于电器，一半被排放到环境。其他包括多环芳烃类（PAHs）、含氯氟烃（CFCs）、塑料添加剂、抗生素类、邻苯二甲酸酯等。

现在时区调得有些乱了。结束北极大学回来上五楼，我说为什么通往甲板的走道铁门给关了？因为看到的是内层防火门圆形观察窗上走廊灯的影子。回房间后发现外面天已基本黑了，这时的时间为下午 4 点 15 分。回走道一看，确实只是因为天黑了，铁门并没有关。

09 月 19 日　区块地形调查结束

今天多云，上午还偶尔见到了太阳。上午 9 点 40 分时气温 −1.3℃，风速 14.4 米 / 秒，能见度 15.4 千米。

上午 9 点 29 分，高金耀打电话建议现在的计划把"三角地"补齐效率过低，并且没有地形特征，建议南下把南部的 600 多米部分补齐。队上同意了他的申请，9 点 58 分，"雪龙"号转弯南下作业。

下午 3 点北极大学继续授课，来自自然资源部第二海洋研究所的杨春国和第三海洋研究所的宋普庆分别做了题为《多波束技术及在北冰洋应用状况》和《底栖拖网和北极鱼类研究》的报告。

在晚上6点的队务例会会议上，朱兵船长通报了运送伤员的计划：23日零点（当地时22日早上8点），伤者和陪同人员由

考察队员杨春国在实验室规划后续测线（9:50 摄）

美国海岸警卫队直升机接下船；23日下午5点（当地时23日凌晨1点）到诺姆港，送加拿大冰区领航员下船。沈权通报了今天的卫生检查情况，总体不错，老队员和女队员都做得比较好。徐韧领队说明了应对美专属经济区调查获批与否的两套方案，并强调了安全和安全监督员要切实履行的职责。

午夜11点45分，我看了一下正在完成的测线，感觉在12点前做不完，就打电话到驾驶台，是陈冬林值班，他告诉我说大概会超六七分钟。这个还可以接受，就告诉他在结束后直奔水文潜标布放点。后查阅航海日志得知，"雪龙"号的测线结束时间是20日0点10分。

晚上8点调船时，至晚7点，采用东8区时间，船时与国内的时间一致了。

下午的满天乌云（16:24 摄）

09 月 20 日　完成水文潜标布放

今天多云。尽管见不到太阳，云上的阳光还是比较明显。上午 7 点 13 分，粗略算了一下，到潜标布放点还有大约 2 个小时的航程。7 点 25 分时气温 1.3℃，风速 7.4 米 / 秒，能见度 11.6 千米，水深 1215.9 米，海况比较适合潜标布放。上午 9 点，太阳已完全出来了。下午 1 点，已转为阴天，艉部远处乌云与海面相连，估计是在下雪了。下午 1 点 27 分的记录为气温 0.8℃，风速 15.2 米 / 秒，能见度 14.22 千米，水深 1375.8 米。

8 点 50 分，我收到极地考察办公室杨雷的微信，说美国专属经济区作业申请已批准，我在第一时间通知了领队，并让张蔚通知各队队长。这样，在完成潜标布放后，"雪龙"号将直接前往 R10 站位，不再在海台区做 3 个站位的拖网作业了。

潜标的布放是 9 点 50 分开始，持续到 12 点最终定位完成。这套潜标是 7 月 29 日上午 8 点至下午 2 点 30 分在白令海公海区回收的。因为之前无法确定在美专属经济区作业申请能不能获批，自然资源部第一海洋研究所在请示国内后临时决定在楚科奇海台区布放而不到白令海布放。

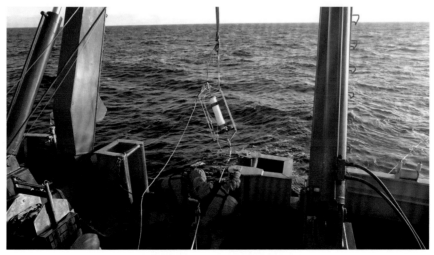

水文潜标布放（林丽娜　摄）

由于极地考察办公室要第八次北极科学考察白皮书的素材。我让贝西准备了一个，但需要修改的地方比较多，原定是今天上午讨论。但昨天晚上我怎么改都改不出来了，只好拖到今天来修改。

艉部生物拖网成果（23:36 摄）

晚上 8 点，到达 R11 站位前，开始艉部微塑料拖网作业。8 点 30 分时我去舯部看了一下，沈权已在，CTD 正准备第一次往下放，总体还比较规范。晚上 11 点，我在房间修改考察白皮书材料，船剧烈抖动，这是动车的信号，我猜应该是完成站位定点作业，开始艉部的生物拖网作业了。半夜 11 点 09 分的时候给艉部实验室打了个电话，确实是开始拖网了。该站位的结束时间是 11 点 35 分。

R11 站位 CTD 作业（21:46 摄）

穿越北冰洋 II

——中国第八次北极科学考察中央航道和西北航道穿越纪实

第六篇

决战楚科奇

本区域的作业包括楚科奇海和白令海调查。由于调查站位于美国200海里专属经济区范畴，需要向美方申请调查作业。考察队最终于9月20日得到获批的消息。从9月20日午夜到9月25日下午2点45分，共完成23个综合站位的调查以及一个潜标的回收和一个潜标的布放，顺利完成所有科考任务。需要说明的是，随着国际形势的变化，美方对我国开展白令海和楚科奇调查的审查越来越严、审查时间越来越长，我国在该海域的调查面临着新的挑战。

09月21日　楚科奇海作业

昨晚是 R11 站位作业，午夜时分去艉部看生物拖网，回到房间是0点06分，天已比较亮了，若是按阿拉斯加当地时计算，应该已是上午8点06分了，不过不是21日而是20日，船时与当地时的时差为16个小时。外面还是比较冷，尽管显示的气温为0.4℃，但风速高达13.9米/秒，还好穿了企鹅服保暖。回来的时候，飞行甲板上都有冰，差点滑倒。我是从"雪龙"号内部通道去、内部通道回来的，但去艉部中间还是要上到飞行甲板过渡一下。

我到的时候，拖网已收上来了，看样子是丰收啊。他们说都是海星。倒出来一下，还真是。按数量来看，95%以上是同一种小海星。稍微大一点的螃蟹只有一只，有一些很小的鱼，螺倒是有一些，但也不算多。这也不奇怪，按以往的经验，相比白令海，楚科奇海生物量少、品质也差很多。

上午9点，临时党委会审议了第9周周报、《中国第八次北极科学考察白皮书》素材稿以及中国第八次北极科学考察工作总结初稿。白皮书是继昨天讨论后的第二次讨论。另外，还讨论了纪念封的事，由于我们最后定义的中央航道是白令海至弗拉姆海峡，与当时穿越中央航道时定义的不一致，领队的意见是按纪念封上的时间，不再修改了。

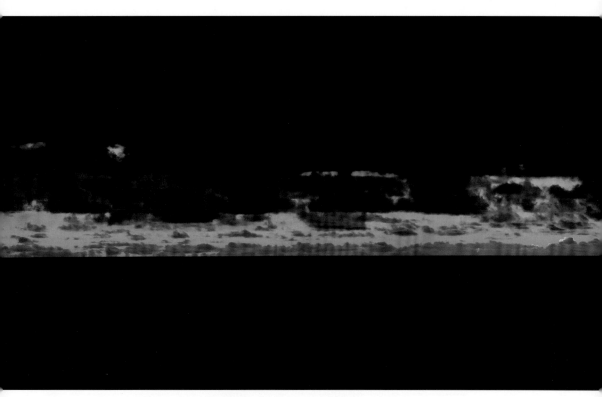

油画般的夕阳景色（13:40 摄）

上午 11 点，"雪龙"号已到了 70°30′N，海面飞鸟逐渐多了起来。吃完中饭后，没有休息，极地考察办公室要求纪念封上的信息要与新闻报道的一致。修改文字中英文部分还是很快的，然后找了刘健修改图，材料发给了极地中心办公室主任韩彦佶。白皮书和工作总结材料发给了极地办夏立民副主任，但由于网络不是很好，白皮书暂发了不带图的稿件。

中午 12 点，气温 3.0℃，风速 2.0 米 / 秒，能见度 16.0 千米。多云，天际云层能见到阳光。相比午夜，气温略有上升，风基本停了。

下午 4 点，考察队组织召开了潜标回收方案讨论会。林丽娜队员对整个方案进行了介绍，针对是否用橡皮艇的问题，朱兵船长表示要停船后根据海况再做决定，能用小艇的话尽量用小艇，毕竟用大船太大很不方便。大家也提了一些很好的建议，如谭飞翔提出舯部回收时准备 2 根 20 米的止荡绳，艉部收放准备 1 根 40 ~ 50 米的止荡绳，艉部布放时要等重块到位后，才把前面那段松掉。对于用橡皮艇回收潜标，沉积物捕获器潜标回收时头球打捞花了不少时间，沈权提议要准备一个带 1 米多杆子的钩子。

按原有时间进度是晚上 9 点多到潜标点，这时是黑夜，潜标释放后看不见浮球，无法作业。于是我们调整了计划，前面站位增加了硝酸盐剖面仪测量等作业内容，这样大概在凌晨 0 点左右到达潜标站位，天应该亮了（注：当地时早上 8 点）。实际上大家做得特别顺，到潜标站的时间还是在晚上 9 点多。这种情况下，我说把 R06 站位的其他作业先完成，等到天亮后进行潜标回收作业，并在队务例会上进行了通知。

今天共完成了 R10 ~ R06 共 5 个站位的作业。

潜标回收和重新布放讨论会（16:00 摄）

艉部生物拖网大丰收（23:10 摄）

9 月 21 日 15:08 船位

09月22日　水文潜标回收

　　凌晨5点10分时天晴，气温2.4℃，风速9.2米/秒，能见度15.15千米。到8点半，已变成多云的天，见不到太阳了。

　　4点15分，我醒得比较早。外面是大晴天，但风浪还是有点大。我打电话问了驾驶台，了解到潜标是凌晨3点收上来的，设备需要数据读取和重新调试，要三四个小时才能继续放标。到诺姆港的航程大约还有750千米，需27个小时；后续作业时间12.2个小时。若按8点结束从R06站位走，是24日大约晚上11点到。若再晚的话，就要砍作业内容了。昨天晚上网络不好，给极地办的材料发了多次一直发不出去，今早一下就发走了。本来想改宣传片的材料，感觉没有思路，也比较困，在凌晨5点多的时候又睡了一会儿，醒来已快7点30分了。8点30分，"雪龙"号动身前往站位。

　　领队从艉部回来，说潜标已布放好了，比计划超时约30分钟。问我讨论汇报片材料的事，我说晚一点再说，后来看实在来不及改，就改

水文潜标回收（视频截屏－林丽娜提供）

布放硝酸盐剖面仪（15:44 摄）

到了下午。中午吃饭的时候，定的下午 2 点讨论。

下午到站，去舯部作业区看了一下。晚饭后，领队叫了我、陈永祥和沈权，在他的房间开了一个短会，决定在明天下午 3 点开个送别会，给伤者准备一个大家签名的礼物。

晚上 7 点 02 分，天已全黑了，气温 3.2℃，风速 19.7 米 / 秒，能见度 12.88 千米。相比上午，气温略有升高，风速变大，靠近岸边，海况变差了。7 点 03 分，到达 CC5 站位。这是一个国际合作断面的站位。

今天共完成 1 个浅水潜标的收放以及 7 个站位的 CTD 作业。

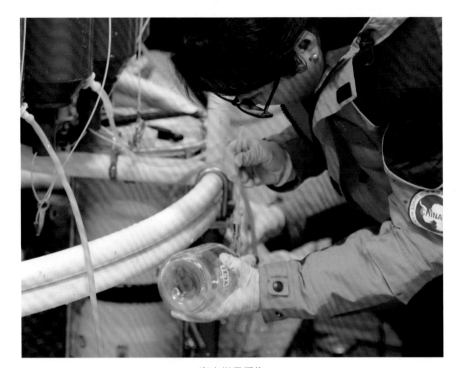

海水样品采集

R04 站位采水作业（15:42 摄）

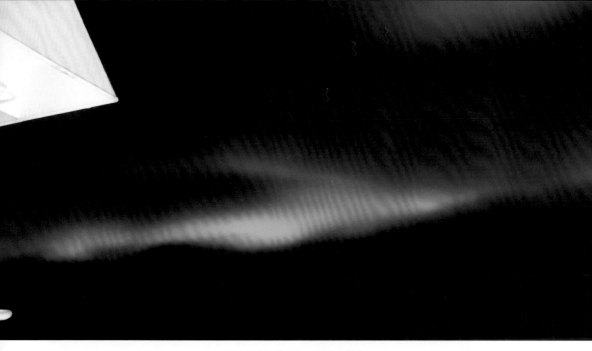

天际出现的美丽极光（20:20 摄）

09 月 23 日　完成楚科奇海作业

0 点，考察队完成了 CC01 站位作业，天色已出现鱼肚白。我等他们作业结束后回房间，顺便在甲板上拍了几张照片，感觉风很大。涌比预报的要高。这时气温 3.4℃，风速 13.4 米 / 秒。

上午 10 点多，"雪龙"号从代奥米德群岛（Diomede Islands）东侧经过白令海峡。该群岛包括隶属俄罗斯的大代奥米德岛和隶属美国的小代奥米德岛，中间的分界线是在 1867 年划分的。当时，美国花费 720 万美元从钱囊羞涩的沙皇俄国手中购买了面积超过 170 万平方千米的阿拉斯加。

下午 3 点，考察队举行了伤者的送别座谈会。大家谈的都是发自肺腑的心里话，最有趣的要数来自自然资源部第二海洋研究所的章向明老师，真是特别能说。他从如何入选考察队说起，他是在网上报名的最后时刻报名成功的；说到如何带的东西全部不对，包括带了两个月的日本进口晕船药都没有用，带的所有衣服也没有穿。从如何配备的相机，配了索尼相机加中焦镜头，说应该配长焦才对；说到如何摸索使用相机，先把所有衣服放在床上拍，拍船上的各个角落，然后去拍人物和风景，等等。让主持座谈会的陈永祥副书记只能说再给 5 分钟。

今天共完成 R03 ~ R01 共 3 个站位的作业。晚上 8 点 50 分，"雪龙"号到达指定的地点抛锚。晚上 9 点 10 分记录的气温 5.9℃，风速 9.0 米 / 秒，能见度 16.76 千米，水深 12 米。

微塑料拖网采样（8:32 摄）

投放海洋表面漂流浮标（10:11 摄）

"雪龙"号从白令海峡中间岛屿附近经过（11:25 摄）

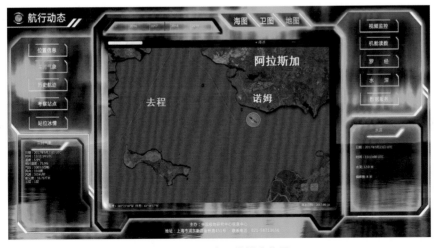

诺姆港外 15 海里抛锚点位置

09月24日　白令海作业

昨晚没有睡。到凌晨0点50分，我听到有人叫领队，就到驾驶台去看，美国救援船已经到了。这是美国海岸自卫队的巡逻船，就横在"雪龙"号船头正前方，小艇已在左舷方向朝"雪龙"号驶了过来。我赶紧下楼回到房间，穿上抓绒服，带上昨天准备的行程计划和在西雅图国际机场的转机路径材料，赶去了伤者的房间。他们正在整理物品，我把材料给了他们。他们只带了一个小箱和一个背包，其他行李等"雪龙"号回国后再来拿取。

乘电梯到了二层甲板，只见直升机一直在天上飞，小橡皮艇也没有靠上来的意思，海岸警卫队的船则绕着"雪龙"号绕圈子。人慢慢多了起来。徐韧领队和沈权副领队也下来了，他们原本应该在驾驶台，只见领队自言自语地说：用直升机接多好，他们竟然不同意。

由于有浪，用吊笼转运还是有些危险，但总算还比较顺利。凌晨1点25分，3人顺利下船，送往美国海岸警卫队的巡逻船。我们在拍，美国人也在拍。美方这个时候拍，十有八九是拿去宣传的吧。

早饭后去了一趟驾驶台。由于距离太远，港口的建筑看不清楚，但用望远镜是可以看清的。远处有雪山。本以为附近的平顶岛就是昨天上午在峡口看到的那个，但其实不是。在地图上量了一下，要有200多千米呢，这怎么看得见？不过真的很像。

上午8点"雪龙"号起锚，动身前往海峡口的BS断面作业。期间得到消息，下船人员已顺利在安克雷奇办理入关手续并入住酒店。

下午准备去艉部作业区看看，原来还打算只穿红色的考察服，结果到甲板后发现风非常大，赶紧回来换穿企鹅服。右舷是迎风面，风很大，所以改从左舷到了艉部甲板。艉部作业区出奇地安静。到实验室一看，徐韧、沈权和安全员在，其他都是作业人员。刘焱光告诉我，由于是砂质底，前面的两次沉积采样都是空的。大约过了5分钟，起网了。由于钢缆的张力一直没有大的变化，网拖生物应该不是很多。实际情况确实

美国海岸警卫队船舶（01:40 摄）

如此,海星很多,有的很大,蟹都很小,有一些小虾。我回来是通过"雪龙"号内部通道回来的。下午 3 点 34 分记录的风速为 20.4 米 / 秒,为 8 级大风。下午 4 点,安全员龚洪清来我房间说已上浪,建议取消 BS02 站的艉部作业,我答应了。下午 5 点 54 分时记录的风速为 16.8 米 / 秒,属于 7 级疾风。

今天共完成 BS 断面 6 个站位的作业。

艉部生物拖网获得的底栖生物（14:39 摄）

美国海岸警卫队协助运送伤员

09月25日 完成全部考察作业

由于预报在千岛群岛以东将形成大范围的低压中心，28 日夜间开始影响，29 日白天中心区最强风力可以达到 13 ~ 14 级，最大浪高为 8 米，"雪龙"号需要避风。

午餐时，朱兵船长找到领队和我，商议后续航线计划。我们昨天已确定完成站位作业后，前往千岛群岛以西避风，但经计算时间还差四五个小时，若按昨天的计划，"雪龙"号将迎头碰上强烈气旋。这时我们已完成 B17 站位作业，距 B15 站位已很近了，大约下午 1 点 30 分就可到站。为确保船舶安全，我们决定完成 B15 站位作业，取消 B13 站位作业，全力支持"雪龙"号尽早赶到避风地点。

中午 12 点，组织大洋队队长和相关作业人员核实了考察工作总结有关科考内容和数据。下午 2 点 45 分，B15 站位作业顺利结束，意味着本次考察作业已全部顺利完成。

"雪龙"号开始转向俄罗斯堪察加半岛东侧，全速前往千岛群岛西侧避风……

天气晴好（6:55 摄）

CTD 采样作业（14:17 摄）

穿越北冰洋 II

——中国第八次北极科学考察中央航道和西北航道穿越纪实

第七篇

回眸征途

第一节　穿越中央航道

回想本次考察成功穿越北冰洋中央航道，真有一种"雄关漫道真如铁，而今迈步从头越"的感慨。

作为低破冰等级的"雪龙"号，要在公海区穿越北冰洋，挑战与机遇并存，严格意义上讲，则是挑战大于机遇。实践证明，北冰洋中央航道的成功穿越，与考察队步步为营、审慎推进的正确决策密不可分，确保了机遇的最大化，从而促成了穿越的成功。与决策相对应的，整个航道的穿越可分为 4 个阶段：初步探索阶段、艰难抉择阶段、努力攻坚阶段和完美收官阶段。

（1）初步探索阶段："无心插柳柳成荫"

8 月 2—9 日，"雪龙"号沿西北方向边航行边作业，顺利穿越了航程中的第一个海冰密集区，到达了密集度相对较低的东西伯利亚海北部海域，为后续的穿越奠定了良好的基础。

本阶段重点是开展冰站作业。当时考察队并没有考虑一定要走中央航道，本次考察的实施方案中也没有要求。但当时有两个方案的选择：往北在我国北极考察传统海域进行冰站作业，或往西北在海冰密集区开展作业。前者的优势是对海域状况较为了解，缺点是与东北航道的方向相左，完成冰站作业后需回到原点再进行东北航道穿越；后者的优势是有往西航行的成分、可为考察队争取时间，缺点是海冰密集度高，冰情不明。考察队经过讨论，做出了往西北方向进入冰区开展冰站考察的决定，但同时制订了备选方案，即一旦冰情复杂，就在完成一半冰站作业后往南折返完成其余冰站作业，然后从楚科奇海穿越东北航道。实际上，在完成 7 个冰站作业后，"雪龙"号顺利从加拿大海盆穿越到了马卡洛夫海盆，并且由于一直沿西北方向行进，"雪龙"号也一直保持着在北冰洋公海区航行，没有进入俄罗斯 200 海里专属经济区，因而为中央航道的穿越奠定了非常良好的基础。通过边航行边作业，"雪龙"号实际上已在不知不觉中完成了部分中央航道的航行，为后续航道的穿越争取了时间。

（2）艰难抉择阶段："拔剑四顾心茫然"

8月9—10日，"雪龙"号向西偏北方向，在海冰密集度相对较低的东西伯利亚海北部海域航行和作业，考察队经过约一天的观察和审慎评估，最终做出了"北上"的抉择。

完成冰站作业后，考察队面临后续航线的抉择。"雪龙"号从没在该区航行的经历，考察队也不掌握海冰的实际情况。由于第一阶段已经为航行争取了时间，考察队放弃了最为简单的直接往西南方向进入拉普捷夫海走东北航道的计划，也就是说放弃了走维利基茨基海峡的计划。"雪龙"号向西偏北方向在公海区航行，同时审慎地做出了3个航线备选方案，即南线、中线和北线方案。

南线方案为往西穿越北地群岛北部密集冰区，然后往南从喀拉海出冰区，进入东北航道；中线方案为一路往西穿越北地群岛、法兰士约瑟夫地群岛和斯瓦尔巴群岛北部冰区，然后从弗拉姆海峡进入北欧海；北线是往西北方向穿越北冰洋中心区，最终从弗拉姆海峡进入北欧海。南线的优点是冰区航行距离最短，也最为可靠，可比原计划早两天左右到达北欧海作业区，缺点是仅完成部分中央航道的穿越，同时因进入俄罗斯专属经济区而无法在沿途开展科学考察。中线是在北冰洋海盆区边缘穿越，与南线相比，同样因在俄罗斯专属经济区航行而无法实施相关的科考活动，但优点是可以积累该海域宝贵的海冰资料和航行经验，缺点是在密集冰区航行需要更多的船时；与北线相比，中线的一个突出优势是距离南边无冰海域的航程较短，若在行进途中出现航行困难，可随时向南航行穿出冰区，风险可控，缺点是无法开展科考活动。北线则是严格意义上的中央航道穿越，相对于南线和中线，最大的优势是可沿途随时开展科学考察，但缺点是冰情更为复杂，航行面临的困难更大、风险更高。通常纬度越高、海冰越厚，因而航行越困难、风险越高，但北线的一大利好是85°N附近海域有一大片海冰密集度相对较低的区域。

选择北线的意义不容置疑，但需要的是审慎、科学的判断，因为"雪龙"号一旦进入密集冰区，也就意味着无路可退了，而考察队承载着全国人民的重托，需要的是绝对安全。考察队经过一天左右边走边观察，经过对冰情资料、海冰变化趋势和航时等的综合分析和评估，认为总体风险可控，最终在10日选择了北线。"雪龙"号由西偏北改为向西北高纬海域航行。

（3）努力攻坚阶段："车到山前必有路"

8月10—15日，"雪龙"号成功穿越拉普捷夫海北部的海冰密集带，在85°N附近的高纬海域航行和作业。

这是最为困难和充满风险的一段航程，特别是这一阶段首先要面临的就是穿越拉普捷夫海北部的一条海冰密集带。这条海冰带由从北冰洋中央区的海冰往南漂移聚集而成，海冰厚、硬度高，因而通常被认为是"最难以逾越的一条鸿沟"。"雪龙"号破冰能力有限（连续破1.1米厚的海冰），面对这样的对手还是有被阻挡甚至被围堵的风险。考察队对后续的航程进行了充分评估，认为这一冰障会是航程中最为困难和风险最大的，但只要能顺利穿越，到达高纬的海冰低密集度区，穿越中央航道就不会有大的问题，因而总体风险可控。

"雪龙"号一路向西北方向穿越冰带。冰越来越密、越来越厚，中央航道穿越迎来最为困难的阶段，一路伴随我们的都是"雪龙"号与冰相撞的隆隆声，整个船体不断震动，不仅人员普遍感到不适，部分设备也开始"罢工"。从实际观测结果看也确实如此，沿途海冰平均密集度为8～9成、平均厚度为1.5～2.0米，最高冰厚为4米，期间观测到了不少多年冰，同时出现冰山和海雾等复杂情况。考虑到冰情的复杂性以及预报该区域的海冰密集度受风向影响可能进一步增加，考察队决定让"雪龙"号尽快穿过这一海冰密集带，到海冰密集度较轻的高纬海域再恢复作业。12日，"雪龙"号成功穿出航程中的第二片海冰密集区。到达85°N左右的高纬海域，尽管海冰依然很厚，但海冰密集度下降到了4～5成，"雪龙"号在这样的冰区航行已无障碍。"雪龙"号边走边作业，逐渐迎来了胜利的曙光。

（4）完美收尾阶段："柳暗花明又一村"

8月15—16日，"雪龙"号完成最后一个站位作业后，向南偏西方向穿过最后一片海冰密集区，胜利完成北冰洋公海区的穿越。

眼看胜利在望，考察队迎来了一个新的考验，是利用一段俄罗斯专属经济区内冰情较轻的海域，进入挪威斯瓦尔巴群岛渔业保护区；还是穿越沿途海冰密集度最高的海域进入挪威斯瓦尔巴群岛渔业保护区？前者可顺利完成航道穿越，但不能算是严格意义上的中央航道穿越；选择后者就要面临整个航程中海冰密集度9成以上最为密集的海冰区，并且是在82°—83°N的高纬海域。看似就要前功尽弃了，但考察队基于以下两个方面的判断：一是该海域受大西洋暖流影响，越往南受其影响越大，所以尽管海冰密集度高，但往南航行应该是越来越容易，"雪龙"号被困在冰区的可能性很小；二是走中央航道尽管困难，但航程短，我们在时间上已建立起了优势，实在困难的话，大不了让"雪龙"号慢慢走，最终选择了看上去似乎更为残酷的高海冰密集度路线。

穿越北冰洋

实践证明，考察队的判断是正确的，该海域海冰虽然看似恐怖，密集度高，有的区域甚至高达 10 成，但海冰多冰表融池，厚度和硬度都不如高纬海域。海冰的高密集度最终没能阻挡"雪龙"号前进的步伐。由于地处高纬，通信仍然不畅，"雪龙"号就在这样的悄无声息中完成了从公海区到中央航道的穿越。科学的决策，确保了本次穿越最终画上一个完美的句号。

冰站科考队员手捧冰芯留念

第二节　西北航道试航与国际合作

北极不同于南极。南极仅有领土声索，并不属于任何国家，大洋调查并没有限制。但北极陆域面积约 800 万平方千米，隶属 8 个北极国家；北极海洋面积约 1400 万平方千米，但根据《联合国海洋法公约》，北冰洋沿岸各国拥有 200 海里专属经济区，中央公海区面积仅有 280 万平方千米。而就这 280 万平方千米的公海区，大部分也是被海冰所覆盖，加上环北冰洋国家外大陆架声索，北冰洋能开展调查的区域很有限。

想在北冰洋开展大规模或深入调查，国际合作必不可少。本次考察最为主要的自然是中加西北航道合作考察。尽管 3 名加拿大科学家在中途被舷号为"703"的加拿大军舰接走，没有完成整个加拿大水域的调查，但双方商定，数据共享协议文本将通过邮件讨论确定后签署；考察队将继续开展航道环境调查，地形地貌数据在考察结束后与加方共享。双方商议后续将继续推进中加在北极科考、极地科考破冰船建设等方面的交流与合作。应该说，这是一次成功的合作考察。

加拿大冰区导航员（左一）与 3 名科学家在驾驶台

送别加方科学家

与美方的合作，主要是申请在美专属经济区的科学调查。尽管过程有些漫长，但最终还是获批了。白令海北部和楚科奇海不仅是太平洋海水进入北冰洋的唯一通道，同时也是 3 条北极航道的共同通道，对于预测北冰洋中央区生态环境变化趋势以及航道利用均极为重要。不过这些年来，美国对专属经济区的管理愈加严格，并且要求申请的时间也越来越提前。另外，本航次还有转运伤员的合作，总体而言还是很顺利的。在正式制订考察计划前，还策划过与格陵兰大学的研究团队开展巴芬湾的联合调查计划，后随"雪龙"号不再停靠努克港而取消。

参考消息网于 9 月 15 日发表了一篇题为《中国科考船在极地迈出的这一步，让西方媒体'坐不住'了》的文章。文章对近期国外相关报道进行了归纳，指出：本周三（9 月 13 日），美国《华盛顿邮报》网站刊登了一条被多数西方媒体忽略的消息。历时 8 天，航行 2293 海里，中国"雪龙"号科考船成功完成了北极西北航道的首次试航。《华盛顿邮报》还援引中国交通运输部新闻发言人刘鹏飞此前谈及北极航道作用时的评价，"北极航道一旦完全开通，将对国际贸易、世界经济、资本流动以及能源开发产生深远影响"。

"当中国开始热衷探索北极航道，开辟新的'蓝色经济通道'，这将给北极地区带来怎样的变化？人们拭目以待。"美国《外交学者》网站这样问道。加拿大《环球邮报》引用该国一位北极专家罗布·胡伯特的话表示担忧，称中国正准备大幅度提升在北极的海运量，"中国释放的这个信号很明显，而西方的货运公司根本不会有类似的打算"。胡伯特因此呼吁加拿大政府早做准备："我们应该建造北极巡航舰队，让加拿大海岸警卫队配备更好的设备来提升监控和执行能力。" 加拿大外长新闻秘书亚当·奥斯汀则对《环球邮报》明确表示，"雪龙"号此行是一次科考航行。他同时补充称，包括北极西北航道在内，所有通过加拿大水域的商船都需要获得加政府批准。

《加拿大邮报》9 月 10 日发表《中国利用科考航次试航加拿大西北航道的贸易航线》的报道

《华盛顿邮报》9 月 13 口发表题为《中国派船实施北极科考，国家媒体声明一条新的贸易通道》的报道

北极航道的好处还不仅是"路程短",加拿大媒体指出,如果穿越北极,中国商船就不用担心印度洋的季风和海盗,也不用为通过运河支付费用了,可谓一举多得。

挪威国际事务研究机构(NUPI)资深研究员马克·兰泰尼(中文名:兰马克)9月12日撰文称,"科考外交"已成为推动中国北极政策的一个重要组成。他认为,"雪龙"号此次试航也表明,中国政府对于北极地区的经济合作,"正表现出更大的兴趣和更开放的姿态"。兰马克相信,中国在北极航道的海运规划,将成为"冰上丝绸之路"的一个重要组成,这需要交通基础设施的配合。因此,有望带动一些沿线国家的港口公路等基建。俄罗斯和挪威等国家都将因此受益。

第三节　队员工作与生活

本次考察,"雪龙"号穿越北冰洋中央区、试航西北航道,沿途开展了科学考察,采集了大量的各类数据和样品,成绩斐然。所有成绩的取得,是整个考察队群策群力、团结奋战的结果。

极地大洋调查有个特点,就是船到达站位就开始作业,作业结束后船就奔赴下一个站位,因而作业时间表与作息时间表并不对应。也就是说,作业的时间,可能是吃饭的时间,也可能是半夜或凌晨。另外,除了现场作业外,像潜标布放、冰站作业等要在到站前完成大量的准备工作,生物和化学样品采集在船启动后还要在实验室完成所有样品的预处理或分析,在站位较密的海域,有的队员上一个站位的样品没有处理完,下一个站位的样品就到了,根本没有休息的时间,很辛苦。实在困了,就在实验室桌上趴一会儿或找把椅子眯一会儿。

当然,还有一群默默奉献的队员,他们是船员,是防熊队员和潜标布放回收的协助人员。他们不是故事的主角,他们不会成为镜头的焦点人物,他们只是花丛中的绿叶,但他们无疑是考察队的中坚力量。他们是回收潜标的行家里手,积极为回收方案出谋划策,奋战在最为关键的岗位上，甚至无法顾及吃饭，忍冻挨饿近 6 个小时，确保了白令海深水潜标的顺利回收；他们是武艺高强的冰面卫士，个个枪法精准，却在寒风中伫立，一站就是数小时，为冰上作业队员提供了安全屏障；他们是冰面作业的坚定志愿者和奉献者，顶着凛冽的寒风，奋战在一个又一个冰站，协助队友超额完成了冰面作业任务；他们是操艇高手和冰区战将，在要求小艇在作业期间关闭发动机、实验时间远超预期、只能靠简单运动取暖的艰苦环境下，默默坚守岗位近 12 个小时，事后却没有一句怨言，为的是冰区开拓性实验的顺利实施；他们是临时抽调组建的多学科队伍，却能在最短的时间迅速磨合形成战斗力，坚守着舯部和艉部这两个最为关键的战斗堡垒，源源不断地为科考队带来考察数据和样品；他们是绞车操作能手，细心指导科考队员使用，并随时为科考队员的实验排忧解难，保障了采样和实验的顺利进行……

篮球赛

"雪龙"号是一个工作和生活一体的平台，除作业条件外，同时提供了较好的生活条件。本次考察队员人数不足百人，住舱最多 2 人一间，每个房间面积约 10 平方米，配有单人床或上下铺床位、皮质长沙发凳、桌椅、衣柜和储物架等家具。每个房间都配有独立卫生间，在淡水充足的条件下，可以 24 小时提供热水。"雪龙"号设有内部局域网，队员们可以利用有线或无线的方式登录网站了解科考动态，获取实时气象和海洋环境数据，学习航海和极地知识等，利用聊天工具"飞秋"互通有无、聊天交流，在网站论坛发布图片和消息，从论坛上下载各种最新影视剧、软件工具等。在船上可以通过局域网发送邮件和短信，但费用较高。为避免出现高额费用，考察队员外发邮件不受限制，但只有指定的 3 个邮箱为发往"雪龙"船的有效邮箱。船上可以通过卫星电话与国内联系，但费用较高。考察队也会不定期给队员开放微信通信。

闲暇时间，队员们可以选择多个去处：一是队员餐厅，空间大、位置舒适，比较适合打扑克牌；二是活动房，可以一起看看影片、聊聊天；三是健身房，跑步机、自行车和哑铃等器材俱全；四是篮球场，地方不大，但运动量足够；五是乒乓球厅，一般人多会比较热闹；六是位于主甲板下层的多功能厅，是卡拉 OK 娱乐的主要场所。船上也有一个小图书室，定期开放借阅图书，队员也可以在局域网上下载电子书。

船上洗衣房配备有自动滚筒洗衣机和烘干机，可供自助洗衣。船上还有桑拿房和小游泳池，偶尔开放。船上配备有理发工具，但没有专业理发师，因而在船上都是由业余理发师理发。

航渡闲暇时间，考察队也安排了一些活动来活跃气氛。如组织包饺子、加餐、投篮比赛、乒乓球比赛、打扑克比赛等。在完成所有作业归航途中，本次考察还组织了迎国庆 - 中秋文娱活动，大家踊跃贡献节目，欢庆气氛达到了考察期间的最高潮。

与老外一起玩骰子游戏

考察队国庆 – 中秋晚会

后 记

　　本次考察具有特殊的意义，因而一路上也做了一些记录。但考察结束后，就没有更多的时间来整理材料。特别是每日一题的材料，只能回国后花时间去收集整理。于是就搁下了。2019/2020 年，我作为"雪龙 2"号首席科学家参加了中国第 36 次南极科学考察，回国后全球就开始了漫长的新冠疫情。由于平时比较忙，虽然陆陆续续增加了一些内容，但仍需要一个契机来推进本书的最后完稿。

　　2022 年 3 月下旬，我到单位值守，因疫情被封控在单位 68 天。虽然无法回家，却是吃住不愁，并有较为充裕的时间来工作。经过集中补充整理，本书终于得以完稿。相比 2016 年出版的《穿越北冰洋——中国第五次北极科学考察北冰洋穿越纪实》，为了增加可读性，本书减少了对环境的描述，增加了"每日一题"的比重。写这样的科普专著，还是比较花时间的。完成本书的撰写后，后面暂时没有写其他纪实性科普读物的计划。若有机会，将抽时间与极地生物学同行合作，撰写一本介绍南极海洋生物的科普读物。

　　极地科普任重道远。尽管近些年极地的相关报道不少，国人参加南北极旅游的人数也是屡创新高。但相对而言，我国民众对极地的认识仍较为局限。现在有些报道为了吸人眼球，专找极端的例子来报道，但缺乏整体背景介绍或总体的科学评判，很容易误导民众。一些标题非常危言耸听，如"北极出现超 30℃高温，一场全球灾难将发生？"

　　以北极升温为例，2000 年后北极升温是全球平均的两倍，表明北极升温确实较快，但夏季 30℃的高温，作为极端气温的例子在北极偶尔出现，也属正常。像之前提到的加拿大北极区的剑桥湾镇（69°07′N），历史上夏季的最高气温也曾达到过近 30℃，但离开 7 月 8.9℃平均气温的背景，就容易误导大家。而像挪威北部港口城市特罗姆瑟（69°39′N），

回家——金色东海（摄于 10 月 7 日 17:16）

1972 年就曾出现过 30℃的高温。还有，近日广泛报道的"南北两极同时出现极端高温天气，较往年平均水平高出三四十摄氏度"，题目很吓人，但实际上文中也承认这只是一次天气事件，持续时间不过几日，就回落到正常水平。另外，就算报道的这几天有大幅度的升温，但气温实际上还是在零下，并不会导致大面积的冰雪融化现象。如果离开这些客观事实，升温三四十摄氏度，给人的错觉是不是两极的冰雪马上就会融化光了？

当然，这并不是说极地的变化不需要重视。这种变化一定是需要重视的，但要客观。这需要从较广的背景和较长时间尺度去看问题。如北极夏季海冰的变化，2012 年夏季已经到达了有历史记录以来的最少值——341 万平方千米，大家惊呼北极是否很快就会迎来夏季无冰的时代？但实际的情况是，这个最少值也是迄今为止出现的最少值，后面这

回家——绿色东海

些年的夏季海冰最小值都没有比这个值更小。还有，南极半岛是南极升温最为显著的地区，正当大家认为该地区会像北极一样持续升温时，南极半岛出现了十年期的温度下降，然后气温才重新开始回升。所以极地的变化，有波动是正常现象，我们应多一份平常心，去客观看待那里发生的变化，用不着听风就是雨。

极地科研工作者对极地的整体情况有一个较为全面和深入的了解，因而比较容易对出现的新现象有一个较为客观的评判。随着民众对极地认知需求的不断增加，我们极地科研工作者更有责任把掌握的知识和最新研究结果转变为通俗易懂的内容传递给广大民众，不断提升民众的科学素养。这也是我们的责任和一直致力做的工作。

本人有幸荣获"典赞·2021 科普中国"十大年度人物，这也是对我本人多年在投身极地科学研究之余致力于极地科普工作的认可和鼓舞。我也希望今后能给大家带来更多、更优质的科普作品，共同推进极地知识的科学普及。

回家——蓝色东海